· 超级思维训练营系列丛书 ·

逆向思维的神奇

NIXIANGSIWEI DE SHENQI

田永强 ◎ 编著

如何跳出思维的怪圈 —— ☆ —— 一切尽在逆向思维

中国出版集团　现代出版社

图书在版编目(CIP)数据

逆向思维的神奇 / 田永强编著. —北京:现代出版社,
2012.12(2021.8 重印)
(超级思维训练营)
ISBN 978 – 7 – 5143 – 0997 – 3

Ⅰ. ①逆… Ⅱ. ①田… Ⅲ. ①思维训练 – 青年读物②思维
训练 – 少年读物 Ⅳ. ①B80 – 49

中国版本图书馆 CIP 数据核字(2012)第 275879 号

作　　者	田永强
责任编辑	张　晶
出版发行	现代出版社
通讯地址	北京市安定门外安华里 504 号
邮政编码	100011
电　　话	010 – 64267325　64245264(传真)
网　　址	www. xdcbs. com
电子邮箱	xiandai@ cnpitc. com. cn
印　　刷	北京兴星伟业印刷有限公司
开　　本	700mm × 1000mm　1/16
印　　张	10
版　　次	2012 年 12 月第 1 版　2021 年 8 月第 3 次印刷
书　　号	ISBN 978 – 7 – 5143 – 0997 – 3
定　　价	29.80 元

前　言

　　每个孩子的心中都有一座快乐的城堡，每座城堡都需要借助思维来筑造。一套包含多项思维内容的经典图书，无疑是送给孩子最特别的礼物。武装好自己的头脑，穿过一个个巧设的智力暗礁，跨越一个个障碍，在这场思维竞技中，胜利属于思维敏捷的人。

　　思维具有非凡的魔力，只要你学会运用它，你也可以像爱因斯坦一样聪明和有创造力。美国宇航局大门的铭石上写着一句话："只要你敢想，就能实现。"世界上绝大多数人都拥有一定的创新天赋，但许多人盲从于习惯，盲从于权威，不愿与众不同，不敢标新立异。从本质上来说，思维不是在获得知识和技能之上再单独培养的一种东西，而是与学生学习知识和技能的过程紧密联系并逐步提高的一种能力。古人曾经说过："授人以鱼，不如授人以渔。"如果每位教师在每一节课上都能把思维训练作为一个过程性的目标去追求，那么，当学生毕业若干年后，他们也许会忘掉曾经学过的某个概念或某个具体问题的解决方法，但是作为过程的思维教学却能使他们牢牢记住如何去思考问题，如何去解决问题。而且更重要的是，学生在解决问题能力上所获得的发展，能帮助他们通过调查，探索而重构出曾经学过的方法，甚至想出新的方法。

　　本丛书介绍的创造性思维与推理故事，以多种形式充分调动读者的思维活性，达到触类旁通、快乐学习的目的。本丛书的阅读对象是广大的中小学教师，兼顾家长和学生。为此，本书在篇章结构的安排上力求体现出科学性和系统性，同时采用一些引人入胜的标题，使读者一看到这样的题目就产生去读、去了解其中思维细节的欲望。在思维故事的讲述时，本丛书也尽量使用浅显、生动的语言，让读者体会到它的重要性、可操作性和实用性；以通俗的语言，生动的故事，为我们深度解读思维训练的细节。最后，衷心希望本丛书能让孩子们在知识的世界里快乐地翱翔，帮助他们健康快乐地成长！

目　录

第一章　扑朔迷离的现场

第二章　发现蹊跷

第三章　敏锐的洞察力

超级思维训练营

第四章　发现事实

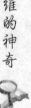

逆向思维的神奇

第五章　开启思维之门

第一章　扑朔迷离的现场

瞎了一只眼的牲口

　　天刚麻麻亮,凤山村李村长就起来了。依据昔日的习气,他又开始绕着村落散步了。当走到村头那座石板小桥时,他不由惊呆了:谁这么早上这儿来了呢? 李村长一边想着,一边走近仓房。忽然,他发现地上有散落的稻谷,再朝仓房里看,开春育苗剩下的 2000 多斤稻种不见了。不好! 稻种肯定被人盗走了。李村长赶忙来到村部给乡派出所挂了电话。

　　十几分钟后,乡派出所老谭和小孟驾驶着摩托车赶到了发案现场。他们对现场进行了仔细的勘察,发现偷窃犯极其狡猾,对作案现场进行了巧妙的伪装,现场没有留下任何痕迹。

　　小孟直起腰来对老谭说:"这 2000 多斤稻种一夜之间被盗走,不可能是一个人所为,可能是几个人,或者是一伙人。我想,盗粮的人一定还有运输工具,而且这些稻种没有运出多远,很可能还没出这个村子。"

　　"我赞同你的意见。我想,偷盗分子再狡诈,总不能一点痕迹也不留下。我认为应该对现场再细心勘察一遍,从细小的痕迹上发现偷盗分子的行踪。"

　　于是,老谭和小孟又把仓房从里到外仔细查看了一遍。无奈,还是一无所获。盗窃分子没有留下指纹、脚印,连车辙印迹也没发现。怎么办呢? 小孟有点失去了信心。

"来,小孟,你看这是什么?"老谭蹲在不远的小路边,高兴地朝小孟喊道。

小孟想,老谭准是有了什么重大的发现,便连忙奔过去。可是到跟前一看,他又绝望地叹口气。本来老谭发现的是路旁边的一片青草。小孟心想,草有什么可看。只是路左边的青草尖断断续续短了一些,可这能说明什么问题呢?小孟不止一次跟老谭去现场了,他深知老谭的脾气,每当老谭凝思苦想的时分,你千万别打搅他,不然,他会发脾气的。而当他的"川"字眉松开时,总随同着一个绝好的主意问世。果真,很快老谭便对小孟说:"走,我们到村里去抓偷盗犯。"

"抓盗窃犯?"小孟莫名其妙地跟老谭进了村子,挨门挨户地查看起牲口棚来。

当他们来到一家牲口棚时,老谭朝牲口棚里看了一眼,便指着一头独眼老牛,惊呼道:"就是它!"

独眼牛的主人周大年闻声从屋子里出来,见是派出所的民警在察看自己的独眼牛,心中一惊:糟糕,一定是被他们发现了。可又一想,不可能啊,我连车辙印都没留下,他们能发现什么呢?于是,他把悬着的心又放了下去。

"周大年,把盗窃的稻种交出来吧!"老谭厉声喝道。

"什么稻种?我可没偷稻种,你凭什么诬赖好人?"周大年故作镇静地说。

"好吧,请你打开仓房,我们要检查一下。"老谭的目光像两把利剑,刺得周大年低下头去。

"我交代……"周大年的额头上滚落下大颗大颗的汗珠。他如实地交代了伙同弟弟盗窃村里稻种的犯罪事实。很快,从周家的仓房里起出了2000多斤稻种。

案子破了后,小孟向老谭问起了个中奥妙,老谭对他如此这般一说,他才豁然开朗……

老谭是依据什么抓到了偷盗犯的呢?

参考答案

老谭剖析认为,偷盗2000多斤稻种,必定要有运输工具。他经过现场勘察,发现茅草道左侧的青草刚被牲畜吃过。由此揣测,拉稻种的必然是独眼牲畜;只吃左边的青草,说明牲畜的右眼是瞎的。就这样,老谭通过查找瞎了右眼的牲畜,找到了盗窃犯。

雨后的彩虹

雨后,天空呈现彩虹,人们纷纷走出家门,呼吸着新鲜的空气,大街上逐渐热闹起来。突然,刺耳的报警器声在街上响了起来,循声望去,声响来自一家银行。只见一个蒙面人从银行里面冲了出来,混进大街的人群里。

警察火速封锁了现场,并且根据银行职员的描述,抓住了3个嫌疑人,他们都为自己作了辩解。

嫌疑人甲说:"我当时在银行对面,听到报警声,就过来看热闹。"

嫌疑人乙说:"雨停了以后,我在马路边欣赏彩虹,可是阳光太刺眼了,我看到银行旁边有一家眼镜店,就进去买了一副墨镜。"

嫌疑人丙说:"我路过银行的时候,外面下起了雷阵雨,只好在里面躲雨,没想到遇见抢劫。"

警长做完了笔录并让他们签名后,对身边的警察说:"我晓得谁是犯罪嫌疑人了,因为刚才有人在撒谎,把自己的身份暴露了。"

是谁说了谎暴露出本人的案犯身份呢?

参考答案

由于彩虹永远不能呈现在太阳的正前方,所以看彩虹的时候,是不能看到太阳的,更不会感到阳光刺眼。由此可以判断出是嫌疑人乙的口供是假

逆向思维的神奇

的,暴露了他的案犯身份。

自 杀

卡罗是一位左腿被截肢的老叟,这个冬天他吊死在居所里,一天之后才被人发现。尸首距地板有很高一段间隔,假如是自杀的话,现场应该有凳子一类垫脚的物件,可是没有找到。由于卡罗只有一条腿,他无论如何是不能跳得那么高的,更不能在空中把绳索套在自己的脖子上。所以,警方判定是他杀。

唯一的疑点是,卡罗在死前两个多月曾投了高额人寿保险,所以有保险欺诈的嫌疑。从现场看,房门是从屋里锁上的,完全处于一种与外界隔离的密室状态。保险公司为慎重起见,就委托拉姆侦探事务所进行调查。

侦探拉姆来到警署查阅了现场勘察记录,他从中发现,在死者脚下有一个空的纸质包装箱。现场的警察认为:卡罗不可能踩着空箱子上吊,假如箱子里装着冰,踩上去就塌不了。可是,箱子上和地上又没有水痕。

那么,卡罗到底是踩着什么上吊的呢?

参考答案

卡罗是利用了干冰的特性。他就是用那个纸包装箱作为上吊的垫脚物的,不过,他在箱子里放了一块干冰。干冰非常坚硬,可以放心地当凳子用。还有,因为干冰的升华特性,当尸首被发现时,干冰已消逝得无影无踪了,箱子和地板也不会湿。

相煎何太急

晚上,芬格探长坐在酒吧的柜台前喝酒,在酒吧快要打烊时,店主的弟弟走了进来。

"嘿!远道赶来,喝一杯吧。"店主兑了一杯掺有苏打水和冰块的混合威士忌递给了弟弟,而弟弟却不喝。芬格是这家酒吧的熟客,知道他俩是同父异母的兄弟,最近因为亡父的遗产继承权打官司,所以弟弟怕被哥哥害死,处处小心提防着。

哥哥有些不高兴地说:"特意给你兑的,你怎么不喝呢?怕我在酒里下毒吗?那好,你要是信不过,我先喝。"说着,哥哥拿起酒杯就喝下去一半,然后才把酒杯递给弟弟。

弟弟看到哥哥喝了之后并没有什么异常,也就消除了疑虑,小心地端起酒杯,静静地品味威士忌。

可是,第二天的报纸上却登出了弟弟在昨晚因为食物中毒而突然死去的消息,看到这突如其来的事件,芬格探长也是惊讶不已。但是,芬格探长细心考虑了一下,就识破了这狠毒的杀人阴谋。

那么,弟弟是怎样中毒的?

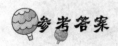
参考答案

哥哥在冰块里下的毒。哥哥喝酒时冰块还没融化,而弟弟喝得比较慢,当时冰块已融化在酒中,所以会中毒。

死亡液体

金融界巨子哈姆先生今年60岁,在圣诞节那天,他邀请各界名流到他的

家中参加烛光晚会,晚会由他的养子罗宾主持。罗宾穿一身黑色的礼服,一支派克金笔插着上衣口袋里,风度翩翩,气度不凡。晚会进展得很顺利,大家玩得都十分开心。突然间,不知从哪里吹来一阵风,所有的蜡烛都被吹灭了,大厅里出现了一阵小小的骚动。哈姆忙命人重新点上蜡烛,并举杯向来

宾致歉。杯中的酒刚刚喝下,他就痛苦地大叫一声,倒在地上死了。恰巧,墨瑞探长也参加了晚会,他细细地查验了哈姆的尸体,发现他是死于中毒,于是推测这是有人趁蜡烛熄灭之际向哈姆的酒里投了毒。他立即清点了人数,发现并没有人离开,说明凶手还停留在大厅之中。看着大厅里的人们,墨瑞探长推测谁会是凶手。他看到罗宾在若无其事地和客人交谈,心想:会不会是罗宾为了早日得到财产而谋杀养父呢?一个个疑团在墨瑞探长的脑

海中闪过。当他看到来宾的上衣口袋里都插着鲜花时，突然眼睛一亮。墨瑞一把抓住罗宾，大声说："罗宾，是你杀死了哈姆!"在铁的事实面前，罗宾只得认罪。墨瑞探长为什么认定凶手就是罗宾？毒药又藏在哪呢？

参考答案

墨瑞探长看到所有男士的上衣口袋都插着鲜花，唯独罗宾的上衣口袋插着钢笔。毒药就藏在钢笔中，他趁蜡烛吹灭之际将毒液滴入哈姆的杯中。

谁是凶手

在太平洋某处水深40米的地方，有一个美国水生动物研究所。那里的水压相当于5个大气压。研究所里有教授贝尔和3个助手A、B、C。

一天午饭后，3个助手穿上潜水衣，单独进行海洋研究。大约13点50分，在陆地上，科学家们来到研究所，一进门，他们看到贝尔教授满身是血躺在地上死了。警方到现场调查，发现贝尔死于枪杀，时间在13点左右，凶手就在3个助手之间。

可是3个助手都说自己在12点40分左右就离开了研究所。

A说："我离开后大约游了15分钟，来到一艘沉船附近，观察一群海豚。"

B说："我同往常一样到离这里10分钟左右路程的海底火山那里。回来时在1点左右，看见A在沉船旁边。"

C说："我离开研究所在12点55分左右到地面，我想和办公室行政小姐聊天。"行政小姐也证实了这点。

听了3个助手的供词，警察说："你们之中有一个说谎者，他隐瞒了枪杀教授的罪行。"

你能推理出是谁枪杀了教授吗？

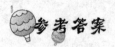

参考答案

C是开枪打死教授的凶手。40米深的水下,大约5个大气压,从40米的深处游到海面,必须在中途休息几次,身体才能逐渐适应压力的变化。15分钟不可能游回来,C说了谎。

奇怪的火

伦琴是著名的光学科学家,他总是把书本和杂物放得乱七八糟,这也是他出了名的坏习惯。

一天早晨,正在洗脸的伦琴突然来了灵感,想要在论文上写下所感,于是,脸尚未擦干,就飞也似的跑到桌边,不顾脸上的水珠还断断续续地往下滴,伦琴拿起笔,把灵感写下来。

伦琴对自己神助似的构想觉得很满意,直到这时他才觉得脸孔湿漉漉的,也分不出是兴奋的汗珠,还是未擦干的水滴。他擦干脸,整装完毕,就出门散步去了。

过了很久他才回家。刚进门,一股烤焦的味道便扑鼻而来,书房已被烧掉了大半,由于仆人及时发现把火扑灭,才没有波及其他房间。

"啊!怎么会着火?"伦琴进来问仆人。

"我也搞不清,开始只觉得窗口有阵阵的浓烟,接着有火苗冒出,我才意识到着火了。"仆人回答。

伦琴仔细观察桌子,在被烧毁的书籍与手稿中,有一块长20厘米、宽10厘米的玻璃板。

看到玻璃板,伦琴突然明白,知道了起火原因。

到底是什么引起了火灾呢?

伦琴洗脸时,脸未擦干就来到书房,脸上的水珠滴下来,掉在玻璃板上。水珠经日光照射,因表面张力变成半球形,因此具有凸透镜的作用,透过水珠的日光所集中的焦点,刚好在玻璃板下的书稿上,从而引起火灾。

生物学家

法布尔是现代著名的生物学家,他在法国南部念村写《昆虫记》时,村里发生了一件事。

某天,法布尔偶遇卡缪巡警。

卡缪吸着烟,说:"法布尔先生,知道葡萄园加尔托雇主吗?"

"听说过,是个钱币收藏家。"法布尔说。

"那家伙是个非常古怪的人,专门收集不能使用的外国古钱币,他还在书房里养了一只猫头鹰。今天早上那只猫头鹰居然被杀了,肚子也被割开。还有另一件奇怪的事。昨晚,加尔托的家里住进一位从马赛来的客人,叫卢卡。他也是钱币收藏家,来给加尔托看日本古钱币。两人在书房里互相观看引以为豪的收藏品时,卢卡先生忽然发现他带来的日本古钱币丢了3枚。"

法布尔问:"被小偷偷去了吗?"

"没有,书房里只有他们两个,所以肯定加尔托盗走的。卢卡先生也怀疑,在他的追问下,加尔托当场脱去衣服,自愿接受搜身,不用说,没找到钱币。书房也找遍了,仍然没找到。"卡缪巡警仿佛自己亲临现场验证过似的,十分肯定地说。

"加尔托偷钱币时,卢卡没看见吗?"

"是呀,他说自己正用放大镜一个一个地观赏收藏品,完全没注意。不过,那段时间加尔托一步也没离开书房,窗户也关着,不可能把偷的钱币藏

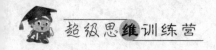

到书房外面。"

"那么,当时加尔托在干什么呢?"

"哦,他当时在喂猫头鹰。"

"原来如此!"法布尔想出了事情的原委。

参考答案

猫头鹰有个习性,它抓住老鼠和小鸟后会囫囵吞下,没有消化的骨头随粪便排出。作为生物学家,法布尔推理出案犯加尔托正是利用了猫头鹰的这个习性,把3枚钱币裹在肉中让猫头鹰吞下。第二天,加尔托便迫不及待地杀死猫头鹰取出钱币。

狮子妈妈与羚羊妈妈

在大草原上,那里有很多动物与自己的孩子参加生存训练。每天,当太阳升起时,大草原上的动物们就开始长跑训练了。

在这一天,狮子妈妈来到这里带孩子开始学习打猎,它指着在另一块场地的羚羊对孩子们说:"孩子,你必须跑得更快一点,再快一点,你要是跑不过最慢的羚羊,就会被活活饿死的。"

在同一时间,在另外一块场地上,羚羊妈妈教孩子学习逃脱,它让孩子看着那边的狮群说:"孩子,你必须跑得更快一点,再快一点,你要是跑不过最快的狮子,那你就会被它们吃掉。"

你知道妈妈们为什么这样说吗?

参考答案

在竞争激烈的社会,不断为自己充电,以保持在竞争中立于不败之地。放弃学习和进步,就会被淘汰。

锯 树 人

有一天,一个人在树林里努力锯树,他累得满头大汗。有人路过,问他:"你在做什么?"

"难道你看不见吗?"锯树的人不耐烦地回答,"我要把这棵树锯倒啊。"

"可是看起来你已筋疲力尽了!"他大声说道,"你在这里锯了多久了?"

"有三四个小时了,"锯树的人回答说,"我的确感到很累,可这就是一件重体力活啊!"

路人看着他在那里费劲地锯着,好像锯不是很锋利。于是便好心地提醒道:"你为什么不停下来,把锯先磨快?这样会使你锯得更快些。"

"哎呀,还哪里有时间磨锯啊,"那人气喘吁吁地说道,"我得在天黑之前把这棵树锯倒。"

路人看了看锯树人,然后摇摇头走了。锯子太钝了,直到天黑,也不一定伐倒树木,还要累得半死。

对于锯树人,你想说些什么?

 **参考答案**

所谓"磨刀不误砍柴工",要快速高效地达到目标,充分的准备并不是在浪费时间而是必需的。

真相在脚底

特里是一位乐观开朗的老人,他交游广泛,并且喜爱户外活动。每到阳光明媚的日子,他总是会联络上三五好友,一起去郊游、打猎、野餐、划船。虽然年近六十,从他身上却看不到丝毫老态,一直保持着年轻的心态。谁也

逆向思维的神奇

没有想到,一件不幸的事情就发生在这位老人身上。某天清晨,在一堵围墙外的大树下发现一具尸体。死者赤着脚,脚心有几条从脚趾到脚跟的纵向

伤痕,而且还有血迹。旁边有一双拖鞋。经过查证,那个死者就是特里。查案的警员推断:"死者是想爬树翻入围墙,但不小心摔死了。他当时可能正要行窃。"可老练的探长巴利却说:"不对,根据当时的实际的情况,这个人不是从树上摔下来的,而是被人谋杀后放在这里的。这是凶手想掩盖事实的真相而做的假象。"试问,探长为什么这样说呢?

死者脚底的伤痕是从脚趾到脚跟纵向的,想象一下,如果他是爬树摔下来的,那么脚底不会有纵向的伤痕。因为爬树时要用双脚夹住树干,而这种方式只会出现横向的伤痕而不会出现纵向的伤痕。

红衬衫工人

美国钢铁大王卡内基小的时候家里很穷。有一天,他回家后经过工地看到一个穿着像老板一样的人在那儿指挥。他便走上前去问那位老板模样的人:"请问你们在盖什么?"

"要盖个摩天大楼,给我的百货公司和其他公司使用。"那人回答道。

"我长大后,也要成为你这样的人。"卡内基用羡慕的口吻说道。

那人看着眼前的小男孩能问出这样的问题觉得他很不简单,于是耐心地对小男孩说道:"第一就是要勤奋工作。"

"好吧,我知道,我相信我能做到这一点,那么第二个呢?"卡内基继续追问。

"二是买一件红色的衣服穿!"那人想了一会儿,笑着说。

小卡内基满脸狐疑:"这和成功有关吗?"

"有啊!"那人顺手指了指前面的工人说道,"你看他们都是我的人,穿着蓝色的衣服,所以我平时也不太能够认识到他们的样子。"说完他又特别指向其中一位工人说:"但你看到穿红色上衣的工人,我注意到他,他的身手和其他人差不多,但是我总能注意到他,也就认识了他,所以过几天我会请他做我的副手。"

卡内基听了,若有所思地点了点头。

这是为什么?

13 —

逆向思维的神奇

参考答案

有时想要快速达到目标,需要异于常人的行为和想法,这样才更容易被成功发现。

瑞典青年

有一位瑞典青年,从小家庭贫困,经常连肚子都填不饱,所以没有受过教育。然而这个青年很好学,打工之余就利用一切时间学习,学到了很多关于建设和化学知识,决心用他所学到的知识来改变自己的命运。

青年凭借着自己所学的一些知识,成功地进入建筑公司做起了职员。他积极努力地工作,因为表现出色,得到了协助一些著名建筑师工作的机会。也就在这段时间里,他积累了许多宝贵的经验和知识,再加上潜在的天分,逐渐在建筑界小有名气,被众人所肯定。但是,他因没有正式的学历和个人背景,他再怎么努力,也不能进入上流社会,成为一位有名望的著名建筑师。为此青年常常感到很郁闷。

有一天,他在街上远远地看见一群侍卫簇拥着瑞典国王查理四世出访,他情不自禁地想:"如果我有国王这样的机遇就好了。"大家都知道,查理四世原来是个法国人,曾是拿破仑身边的元帅,由于他的卓越才能为老瑞典国王所赏识。因此在临终之前收他为义子,要他统治瑞典。查理四世也确实没辜负瑞典的老国王,将瑞典治理得井井有条。

但是,要怎么样才能引起国王的注意呢?青年动起了脑筋。如果我能建造一个很特殊的建筑物来吸引国王,那就好了!突然,青年脑中闪过一个念头:我们的国王原来是法国人,如果我在国王经常路过的地方建造一座类似法国凯旋门式的标志性建筑物,一定能引起他的注意的。

有了这个想法,青年开始着手于这个计划。他争取了一笔钱后不久,建成了魅力建筑物。而这个建筑物果然吸引了国王的注意。国王特别召见了青年,夸赞他的建筑艺术。

受到国王赞赏的青年,自然就在一夜之间声名大噪,各种媒体开始报道有关他和他的建筑作品,他被大家奉为天才。从那时起,青年成为瑞典建筑业大师,身价百倍。

这个青年为什么能成功?

做事除了拥有过硬的技术,还要学会抓住机遇,运用智慧,善于推销自己,因此可能更快地达到目标。

哈斯的回答

有一天,几个学生向著名的心理学家哈斯请教问题:心态对一个人会产生什么样的影响。哈斯听后,笑着说没什么,只是让学生们和他一起去。然后,哈斯就把他们带到一间伸手不见五指的黑房间里。

在他的引导下,几个学生很快就从房间的一头走到了另一头。然后,哈斯打开房间里的一盏灯,在微弱的光线下,学生们才看清楚房间的所有布置,结果每个学生都吓得出了一身冷汗,个个目瞪口呆。

原来,这间房子搭了一座桥,下面就是一个很深很大的水池,池子里蠕动着各种毒蛇,包括一条大蟒蛇和几条眼镜蛇,而且还有毒蛇正高高地昂着头,朝他们吐着芯子。哈斯看着他们,问:"现在,你还愿意再次过桥吗?"大家你看看我,我看看你,都不做声。

"啪",哈斯又打开了房内另外几盏灯,学生们揉揉眼睛再仔细看,才发现在小木桥的下方装着一道安全网。哈斯又问:"现在你们当中有谁愿意通过这座小桥?"

学生们依旧没有作声,"你为什么不过呢?"哈斯问道。

"这张安全网的质量可靠吗?"学生心有余悸地反问。

哈斯笑了："现在你可以回答第一个问题。这座桥本来不难走，可是桥下的毒蛇对你们造成了心理威慑，于是，你们就失去了平静的心态，乱了方寸，慌了手脚，表现出畏惧与胆怯。这就是心态对一个人产生的影响。"

你明白心态对一个人的影响了吗？

参考答案

有时做事没有效率甚至失败，是因为他将困难考虑得太复杂，没有良好的心态，被当前的困难所吓倒。

一 磅 铜

有一对犹太父子逃难来到了美国，他们在休斯敦开始做铜器生意。有一天，父亲问儿子一磅铜的价格是多少，儿子答："35 美分。"父亲说："对，整个得克萨斯州都知道每磅铜的价格是 35 美分，但作为犹太人的儿子，你应该说 3.5 美元。你试着把一磅铜做成门把手看看。"

后来，他的父亲去世，他的儿子独自经营铜器店。他做过铜鼓，做过瑞士钟表上的簧片，做过奥运会的奖牌。他曾把 1 磅铜卖到 3500 美元，这时他已是麦考尔公司的董事长。然而，真正使他扬名的是纽约州的一堆垃圾。

1974 年，美国政府为清理翻新自由女神像所扔下的废料，向社会广泛招标，但好几个月过去了，没人投标。正在法国旅行的他听说后，立即飞往纽约，看了看自由女神像下堆积如山的铜块、螺钉和木料，没有提任何条件，立即投标。

纽约许多运输公司对他的这一举动暗自发笑。因为在纽约州，垃圾处理有严格的规定，弄不好会受到环保组织的起诉。就在一些人等待着要看这个犹太人的笑话时，他开始组织工人对废料进行分类。他让人把废铜熔化，铸成小自由女神像；他把木头加工成底座；他用废铅和废铝做成纽约广场的钥匙。最后，他甚至把从自由女神像身上扫下来的灰尘包装起来，出售给花店。不到 3 个月,这些垃圾在他手中变为 350 万美元,比父亲当年所说的每磅铜的价格整整高出 1 万倍。

读此文,你有何感想?

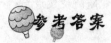参考答案

化腐朽为神奇,在别人眼里一文不值的东西却可以发现它特别的价值,因此,了解非传统的方式和探索的机会,能够更迅速地达到目标。

孔 雀 画

有一个大官听说当地的一位画家擅长水彩画,有一天,他专程去拜访那位画家。

"为我画一只孔雀。"大官平素喜欢艳丽的孔雀,于是向画家要求。画家答应了大官的请求。

一年后,他再次登门去找画家。"我订购的水彩画在哪儿? 我曾经要你为我画一只孔雀的。"

"你的孔雀就要画好了。"这位画家说很快就好,他拿出画纸,很快为他画出一只美丽的孔雀,并给他一个昂贵的价格。大官看着画很满意,但是价钱却使他吃惊:"就那么一会儿工夫,你看来毫不费力,轻而易举地就画成了,怎么要这么高的价钱?"大官问。

画家没有直接回答大官的问题,直接领着他走遍他的房子,每个房间都放着一堆堆画着孔雀的画纸。画家说:"这个价钱是十分公道的,看起来不费吹灰之力简单的事情,但它花了我很多的时间和精力,为了在这一会儿时间为你画出这只孔雀,我用了整整一年的时间才准备好!"

你明白其中蕴涵的深意吗?

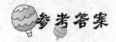

参考答案

高效的背后必须有足够的准备和辛勤的付出，没有人能随随便便成功。

最后的判决

卡罗是远近闻名的富豪，由于年事已高，他的财产已被越来越多的亲戚朋友所觊觎。在一次交通事故中，卡罗身受重伤，双目失明，生命垂危。他

妻子苏拉整天来病房叫嚷，要求卡罗把财产的掌管权交给他，卡罗沉默不语。苏拉不在时，卡罗向一位叫哈尔的盲人患者倾吐心声，他准备写份遗嘱，让弟弟莫比继承一部分财产，并委托哈尔保管遗嘱，哈尔答应了。苏拉知道这件事后，逼着卡罗让她继承全部财产，卡罗气愤地说："我不会满足你的要求，快拿纸和笔来！"苏拉把一支没有墨水的钢笔和一张白纸交给了卡罗。卡罗在上面写道："我死之后，从财产中拿出 500 万美元分给苏拉，其余的财产由莫比继承。"签上名后将遗嘱装入文件袋封好，交给了哈尔，并由他保管。苏拉见了，暗自高兴，因为她知道这份遗嘱只是张白纸。按法律规定，没有遗嘱，全部财产将会由她继承。不久，卡罗因伤势恶化去世了。哈尔来参加葬礼，苏拉因为财产继承权这件事与哈尔吵了起来，并上诉到法院要求裁决。开庭那天，哈尔来到法庭，向法官描述了卡罗写遗嘱的全部过程，并将卡罗留下来的文件袋递与了法官。法官打开一看，里面是一张白纸。突然间，法庭里一片宁静，随后，法官宣布遗嘱有效，并按遗嘱分配了卡罗的财产。你知道这是为什么吗？

参考答案

因为卡罗的钢笔在纸上留下了痕迹。

插 禾 苗

　　一个城里人到乡下玩，第一次看到农夫插栽禾苗，他感觉很新鲜。农夫的手法纯熟而迅速，所有的禾苗一行行排列得整整齐齐、井然有序，就像是用尺子量着栽种的。城里人看到这一景象十分惊讶，问农夫是如何办到的。

　　农夫没有回答他的问题，只是拿了一把禾苗要他先插插看。城里人很兴奋，就挽起裤腿，下到田里开始插，可当他插完数排之后，禾苗参差不齐，歪歪斜斜很难看。

　　农夫看着他插的禾苗，笑着说："插禾苗时要抬头用目光紧盯住一件东

西,然后朝着那个目标笔直前进,就能插得漂亮而整齐。"

于是,他按照农夫的话又重新插了一遍,可禾苗却变成了一道弯曲的弧形。他再次问农民,农夫告诉他,一定要牢牢盯住一个目标。

"没错! 我紧盯着那一个吃草水牛。"

农夫大笑,回答他:"水牛边吃草边移动,难怪你插的禾苗变成了弧形。"

那么怎样实现目标呢?

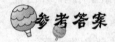参考答案

正确的目标建立之后,就要坚持向这个目标前进,这样就可以快速实现自己的目标。

10 分钟

在一所学校里,经常能在课间休息时间听到有人用钢琴弹奏《致爱丽丝》,乐色非常美妙,音质纯美,是一般的乐器不能演绎出来的。

有一个人羡慕地问弹奏者:"如果我能发挥得像你这么好,需要多长时间学习?"

弹奏者微笑着说:"10 分钟。"

那人很吃惊,表示怀疑。弹奏者接着说:"是真的,但我所说的是每天约10 分钟。"

原来那个弹奏者只是一位地理老师,根本就没有多少音乐常识。几年前,有一家私人企业向他们学校捐赠了那架钢琴,一直放在琴房里。于是,她便利用每次课间10 分钟,到琴房里练习弹奏,从最初的音阶开始。不过,她只有10 分钟,10 分钟之后,上课铃声一响,她就得停止。可就是这每天的10 分钟,就让她弹出如此美妙动听的音乐。

你悟出了什么道理?

有效地利用好时间，哪怕是一个很短的时间，长期积累就转化为自己的
财富。

水牛与阳雀

夏日，一个闷热的早晨，在大河边，有一头水牛正在大树下休息。这时
飞来一只阳雀，落在树上，亲切地与水牛说话。

水牛听阳雀说来这儿喝水，笑着说："你喝水也值得到河边？随随便便
一滴水就足够了。"

阳雀诡笑道："你这样想吗？我喝水比你喝得多呢。"

水牛哈哈大笑："这怎么可能呢？"

"那么我们试试，你先来。"机灵的阳雀知道马上就要涨潮了。

于是水牛伏在河边，张开它的大嘴巴不停地喝，无论喝多少，河里的水
不但不少，反而涨了起来。水牛肚子鼓鼓的，已经喝不下了。

这时该退潮了，也轮到阳雀开始喝了，它把嘴伸进水中，水面越来越低，
阳雀还要追着去喝。水牛看到后不相信地说："你个头不大，水却喝得
不少。"

"这下你服了吧？"阳雀对着水牛大笑道，然后振翅飞走了。留下大水牛
呆呆地望着河水，它怎么想不明白为什么会是这样。

做事情，只要把握住规律和趋势，就可以实现事半功倍。

逆向思维的神奇

美洲虎的变化

美洲虎是一种濒临灭绝的动物,现在世界上仅存 17 只,其中有一只生活在秘鲁的国家动物园里。

为了让这只美洲虎有一个良好的生存环境,动物园单独圈出一块 1500 英亩(约 607 万平方米)的土地来,让它自由地生存。参观过虎园的人都说,这里真是老虎的天堂,里面真山真水,山上花木葱茏,山下溪水潺潺,还有成群的牛、羊、鹿、兔供老虎享用。然而,奇怪的是,没有人见过老虎捕捉,也没人见过它威风凛凛地从山上冲下来。人们唯一见到的情景,是它躺在装有空调的虎房里,吃了睡,睡了吃。

有人认为它会不会是太孤独了。于是大家自愿集资,通过外交渠道,从国外租几只雌虎来一起生活。

然而,这项人道主义之举并未带来多大的改观,那只虎最多陪外来"女友"出房晒晒太阳,然后又回到它的"寝宫"了。人们很无奈,不知道它还有什么不满足的地方。

后来一位经验丰富的动物管理员说:"它怎么能不懒洋洋的呢? 虎是林中之王,你们放一群只知吃草的小动物,能引起它的注意吗? 这么大的一个老虎保护区,不放两只狼,至少也得放一只豺狗吧。"人们听他说得有理,就弄来了 3 只美洲豹放进虎园。

这一招果然很灵验。自从 3 只豹子进了虎园,美洲虎再也没回过"寝宫",它不是站在山顶长啸,就是冲下山来,在草地上游荡。它不再是起晚了,不再吃管理员所带来的肉类。不久,它和一只母虎生下虎崽。

美洲虎为什么会发生如此变化?

 参考答案

不要讨厌对手,有时对手就是我们的动力。

罐子满了吗

一天,老师给学生们上了一堂特殊的课。他把一个透明的罐子放在桌子上,然后拿出一些鹅卵石放到罐子里,问他的学生:"你们说,这罐子是不是满的?"

"是!"所有学生异口同声地回答。"真的吗?"老师笑着问,然后从桌子底下拿出一包碎石倒入罐子里,摇了摇,再加一些,又问学生:"你们说这罐子满了吗?"这回他的学生不敢回答得太快,有人小声说:"也许没满。"

"好极了!"教师从桌子底下拿出一袋沙子,慢慢倒进罐子。然后他问班上的学生:"现在你告诉我这个罐子满了吗?"

"没有满。"全班同学这下学乖了,大家很有信心地回答说。

"好极了!"老师又从桌底下拿出一大瓶水,把水倒进看起来已经被鹅卵石、小碎石、沙子填满了的罐子。

当这些事都做完之后,老师正色地问他班上的同学:"你从这件事上懂得了什么道理?"一位学生回答说:"我们的日程安排看起来很满,但如果你想挤,或许能挤出时间做一些事情。"

老师听到这样的回答后点了点头,微笑道:"很好的答案,但我要告诉你们更重要道理。"老师停顿了一下,说:"我想告诉各位最重要的信息是,如果你不先将大的鹅卵石放进罐子里去,也许,你永远没有机会把它们再放进去了。"

老师为什么会这样说?

参考答案

做事情的优先次序,讲究先后,否则终难有所作为。

油画上的镜子

　　波恩是一位投机取巧商人，他收藏了许多油画，大部分都是价值连城的名画。为了以防不测，他为这些油画投了巨额保险。一天，波恩来保险公司报案，说强盗抢走了他家中的所有油画，并拿出了证明，要求赔偿保险金。因赔偿金额巨大，保险公司为慎重起见，便高薪请来著名侦探赫斯为其解决

其中的蹊跷。赫斯和助手来到波恩家中，请他讲述一下抢劫的经过。波恩要求仆人替他说。仆人讲道："那天，我和主人在房间里，一伙强盗突然闯进

来,主人被他们用枪托打昏,强盗又用枪抵住我的头,让我面朝墙站着,然后就动手抢画。""这么说,你没有看清强盗的长相?"赫斯的助手问道。仆人说:"不,我从墙上的油画镜框的玻璃中看到了强盗的长相。为首的那个满脸横肉,额头左边还有一块刀疤。他们抢完画后,我也被他们用枪托打昏了。"赫斯问道:"波恩先生,你的仆人说的都是实情吗?""就是这样!我俩的脑袋上至今还留着疤痕呢!"助手走过去查看了他俩的脑袋,两个人的脑袋上确实都有一道愈合不久的伤疤。赫斯笑着说:"你们以为你们的苦肉计能骗得了我吗?"接着就指出了他们谎言中的一个破绽,二人因事实确凿,无法抵赖,只得承认了他们企图骗取保险金的罪行。你知道为什么赫斯这么肯定这是个苦肉计吗?

 参考答案

　　仆人说他从油画镜框的玻璃上看见了强盗的长相,这就是破绽所在。油画从来不用玻璃框镶,而是用木框或者专用的画框装饰。

龟宰相挑选接班人

　　龟宰相因年迈体衰,东海龙王批准了它的辞职报告,但要他在离职之前从两个助手中提拔一个接替它的职务。

　　龟宰相的两个助手螃蟹和乌贼都跟了它多年,也都曾立过功,并且都对东海龙王忠心耿耿。龟宰相的老朋友蚌知道此事后,说:"这还不简单,你看谁进步,便选择谁。"

　　经过仔细观察,龟宰相发现,螃蟹每天上完朝后,就回到自己的办公室处理公务,它的办公室收拾得很干净,最特别的是墙上挂着一张表格,而乌贼呢,上完朝后,总是先去龙宫附近逛逛,欣赏一番美景后,再回到办公室,同时,它那八只手总不闲着,不是从哪里采到一颗小珍珠,便是从小虾那里接受一点"孝敬"。而它的办公室则乱得一团糟,丝毫看不出工作过的迹象。

　　龟宰相把观察结果告诉了朋友蚌,蚌说:"那就提拔螃蟹吧,因为螃蟹挂在办公室的那张图在向大家说明,我正在勤恳地工作,努力上进。而乌贼呢,它也不在乎工作的变动和升迁。"

　　后来,螃蟹就成为东海龙王的宰相,而乌贼呢,还是在原来的职位上平平庸庸的,没有什么大的作为。

　　龟宰相为什么选螃蟹为接班人?

参考答案

　　有时做出了成绩,但其他人没有看到,反倒认为你工作效率低下。要改变这种局面,就要找到一种方式让别人看到你的工作和进展。

吸引别人的眼球

　　毕加索没有成名之前穷困潦倒,郁郁不得志。他画出来的画经常卖不出去,好不容易托人代售,却被闲置在画廊一角无人问津,还有许多画店干脆都拒绝接受他的画。

　　幸运的是,经手他作品的画商慧眼识英雄,肯定了他的画功潜力雄厚。画商决定帮助毕加索卖画。

　　这位画商亲自跑遍巴黎的画廊,故意装作着急的样子,对画廊布展人员说:"我有相当多的客户,寻找毕加索的画,你有,你能借给我吗?"画商一而再、再而三地用这种手法为毕加索的画制造卖气。不久后,画廊开始注意毕加索的画,不仅收集购买,而且将他的画放在画廊显著的位置上,大力向顾客推荐。于是毕加索的画渐渐地由滞销品变得奇货可居。

　　现代艺术之父,法国画家塞尚的画也是如此。具有讽刺意味的是,为了推销一幅充满阳光明媚的画作,最初竟然有经纪人通过艺评家,在媒体上大做文章说:怀孕的妇女,请不要在这幅画前逗留太久,以免肚中的孩子会得黄胆! 于是民众们扶老携幼地挤入画廊,争看这幅会让"怀孕妇女受害"的名画。

成功最有效的途径是什么？

参考答案

只要动动脑筋，就有大量的机会。最有效的途径之一，是抓住眼前的关键人物。

两个翻译的竞争

大刘和小王同在一家外贸公司做翻译，大刘是日语翻译，小王是英语翻译。两人从名牌大学毕业，年轻有为，在单位领导的眼中，他们是未来的经理人选。对此，两人也心照不宣，在工作上暗暗竞争。

有一段时间，公司的业务主要和日本人打交道，理所当然学日语的大刘经常在一些重要会议上露面。一时间，他在单位里的受重视程度强于小王。

这时小王有点紧张，他认为，如果他继续下去，肯定会处于劣势，失去很好的晋升机会。于是，他决定凭着大学时选修过日语的基础，暗暗学习日语，准备超越对手。

一年过去了，小王终于拥有了一张日语等级证书。他开始尝试着与日商进行会话，帮助销售员处理一些有关日文的翻译任务。同事们对他掌握两门语言十分佩服，他也自我感觉良好。

但就在小王得意时，由他翻译的与美国商人的贸易合同，关键词汇失误，给公司造成数万美元的损失，公司通过谈判后，已挽回部分损失，但公司董事长为此十分震怒。

反省再三，他醒悟过来，这些年忙于去学日语，早已疏于对英语词汇的充实和温故，错误的发生看似偶然，其实是有它的必然性的。小王没想到最终会在自己的专业上败下阵来，而他的日语即使苦学几载，也无法达到对手的水平。

竞争中怎样发挥自己的长处？

不要忽略自己的长处，不要用自己的短处与别人长处的竞争，那样会适得其反。

心无旁骛

古希腊著名演说家戴摩西尼年轻的时候在演讲方面并没有很高的造诣。因此，为了提高自己的演讲技巧，他把自己关在一个地下室练习口才。但年轻的他由于耐不住寂寞，还是时不时就想出去找朋友们聚会，心总也静不下来，所以演说能力也就一直没有什么进步。于是戴摩西尼就横下心，挥动剪刀把自己的头发剪得乱七八糟，让人看到会吓一跳。这样一来，由于自己的发型羞于见人，他不得不放弃出去玩的想法，全心全意地练口才，演讲水平突飞猛进。正是凭着这种专心执著的精神，戴摩西尼最终成为世界闻名的大演说家。

类似的故事也发生在法国作家雨果的身上。一次，雨果同出版商签订合约，半年内交出一部作品，为了确保能把全部精力放在写作上，雨果把除了身上所穿毛衣以外的其他衣物全部锁在柜子里，然后把钥匙丢进了河里。这样，由于根本拿不到外出要穿的衣服，他彻底断了外出会友和游玩的念头，一头钻进自己的小说里，除了吃饭和睡觉，没有一天停止写作，终于提前两个星期写完了。而这部仅用5个月时间就完成的作品，就是后来闻名于世的文学巨著《巴黎圣母院》。

读了此文，你作何感想？

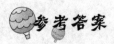

心无旁骛、全神贯注地追逐既定的目标,也是做事高效率的必备素质之一。如果总受到外界的诱惑影响,那么就是再有能力,在一定时间内也不能达到目标。

掉进井里的驴

一个农夫的一头驴不小心掉进了一口枯井里,农夫要挽救他的驴,所以找人帮忙,但几个小时后,驴还在井里痛苦地哀嚎着。

最后,农夫实在没有办法了便决定放弃,他想这头驴反正已经年纪大了,干脆就把它埋在这口井里算了,于是农夫便让大家帮忙一起将井中的驴埋了算了,以免除它的痛苦。

于是农夫和邻居们人手一把铲子,开始将泥土一铲一铲往枯井中填。

井底的驴明白了自己的处境,更悲惨地尖叫。但不一会儿这头驴就安静下来了。农夫想可能驴已经奄奄一息没有力气再叫了。农夫想到这儿,更是快速地往井里填土,以减少驴的痛苦的过程。

在大家干了一会儿后,再也听不到驴的声音,于是农夫探头往井底看一下,是否驴已经全部被埋住了。然而一个景象令他大吃一惊:驴站在他们铲进的泥土上,离井口已经很近了。原来他们铲进井里的泥土落在驴的背部时,驴居然将泥土抖落在一旁,然后站到铲进的泥土堆上面!大家没想到这头驴这样聪明,于是继续往井里铲土,最后把驴成功地救出了井外。

这头驴为何得救?

如果换一个角度,看困难和挫折并加以巧妙的运用,那么,困难和挫折

超级思维训练营

可能成为我们的目标的垫脚石。

及时的报警

　　莱恩在赌场上很不走运,总是输钱,最后欠了一屁股债。因此他必须马上弄到钱,于是莱恩一直在寻找各种发财的机会。这天晚上,他看到一幢大厦的八楼还亮着灯,就怀揣着一把手枪上去了。当他来到那家的门口时,听到里面有个女人在说话:"这事不着急,明天办也没事……"听到对话,莱恩

想到:"里面有两个人,怎么办?"但他因为手中有枪,并不害怕。他敲了敲门,只听里面的女人说:"请稍等一下。"一会儿,门就开了,只有一个女人在屋里。那女人看见陌生人进来,就问:"请问你找谁?"莱恩一言不发,进门后马上关上了房门,并拔出了手枪。女人吓得直呼"救命",可没等叫完,莱恩就扣动了扳机。女人的前胸瞬间被子弹击中了,她慢慢地倒了下去。莱恩立刻翻箱倒柜,抢走了所有值钱的东西。当他关上门打算离开时,发现四周静悄悄的,显而易见,刚才那女人的惊叫声并未带来任何的影响。莱恩镇定地向楼梯口走去。可就在此时,几名警察跑了上来:"不许动,举起手来!"莱恩心想,我真是太倒霉了,他们怎么知道我在这里抢劫呢? 那么,你知道这是为什么吗?

 **参考答案**

那女人其实是在打电话,她说"请稍等一下",是对电话里的人说的,电话并没有挂断。她的一声"救命"对方当然听到了,于是立即报了警,警察赶来将莱恩抓获。

搭桥与拆桥

老石在单位里人缘很好,能力也不差,但这些年来始终没有升职。他自己也纳闷,心想:有人跟上司搞不好关系所以才不被提拔,我与上司关系很好,怎么不起作用?

这一天,老石儿子和同学在下跳棋,两人玩得很兴奋,于是老石也凑过去解闷。有一局儿子输掉了,于是他给儿子提建议:"你不会给自己多搭几座桥吗?"搭桥是下跳棋的窍门和捷径,每搭一座桥,就可以连跳好几步,事半功倍。经过老石的一番指点,儿子的棋局大有起色。老石就趁势教导儿子:"下棋如同生活,学会给自己搭几座桥梁,寻求一些帮助自己的路才好走。"儿子连连点头。

然而儿子的同学棋艺还真不错,他笑而不语,移动两个棋子,就把儿子刚设好的棋路给堵死了。儿子的棋局急转直下,又一次陷入了僵局,还是输了。那个同学得意地说:"看看吧!你会搭桥,我就会拆桥!桥搭得再好,碰上会拆桥的你就输定了。想赢棋不但要搭桥,还要防别人拆桥,关键时刻还要会拆别人的桥,这样才能保证稳赢!"

老石在一旁听后,怔住了,他突然联想到自己总是得不到升迁的事来,一下明白了为什么。从那时起,他的表现在单位游刃有余,半年后,顺利升迁为科长。

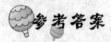参考答案

在竞争激烈的职场里,不但要为自己搭桥,也要防备竞争对手拆桥,这样自己才能顺利地走到对岸,否则,势均力敌,最后的胜利不一定是自己。

说不如做

欧洲某教堂有一块上好石材,一直放在教堂的后院。牧师觉得这块上等的石材要是能雕出一个人像的话,就真的是物尽其用了。因此,牧师邀请了著名雕刻家来雕。但是,这位雕刻家在雕刻人物腿部的时候,一不小心,误凿了一个洞,实在是太可惜了这块很好的石头,没办法,只能将其丢弃在院落里。但牧师还是不愿意扔掉这块石材,于是,他考虑再三,请来了另一位雕刻师。这位雕刻师就是米开朗琪罗。米开朗琪罗看过石头后认为,只要调整人物的姿态,遮掩住被破坏的部位就可以雕刻出一个完美的人形。几个星期后基本雕像就完成了,只是做最后的修饰。可是牧师却提出了反对意见,他认为这具雕像的鼻子太大了。米开朗琪罗知道牧师正好站在大雕像的正下方,视角不正确。但他没有跟牧师争论,辩论的结果并不一定会改变牧师的想法。

于是米开朗琪罗不说一句话,只是招呼牧师跟着他爬上鹰架,到达鼻子

的部位,他拿起刻刀和木板上的一些碎大理石,牧师站在下面的鹰架上。米开朗琪罗开始用刻刀轻轻敲着,让手上搜集来的石屑一点一点掉下去。事实上,他没有更改鼻子,但看起来好像试图修改一样,装模作样的几分钟后,他站到一边说:"现在看看吧!"牧师回答:"我喜欢它,你使它生动。"

米开朗琪罗当时为什么不据理辩解?

参考答案

通过辩解有时很难达到说服人的目的,如果直接用行动的方式证明想法会更有效果。

筹措经费

爱德华·查利弗为了赞助一名童军参加在欧洲举办的世界童军大会,迫切需要融资。可是该如何筹集这笔钱呢? 他已经做了一些调查工作,去美国的一个著名的大公司拜会董事长,希望他能解囊相助。

在爱德华·查利弗拜会这位董事长之前,曾听说他开过一张面额100万美元的支票,后来那张支票因故作废,他还特地将之装裱起来,挂在墙上以作纪念。爱德华·查利弗想,不能进门就提要钱的事,那样会让对方感觉不舒服。于是当他踏进那位董事长办公室之后,先是要求参观一下他那张装裱起来的支票。爱德华·查利弗对董事长说自己从未见过任何人开具过如此巨额的支票,很想见识见识,好回去说给小童军们听。

董事长很高兴,毫不犹豫地就答应了,并将当时开那张支票的情形,详细地描述给爱德华·查利弗听。而爱德华·查利弗也表现出浓厚的兴趣,全神贯注地听对方讲。

就在说完那张支票的故事后,未等爱德华·查利弗提及,董事长主动问他今天是为了什么来。于是他才一五一十地说明来意。出乎他的意料,董事长非但答应了爱德华·查利弗的要求,而且还答应赞助5个童军去参加该

童军大会,并且要亲自带队参加,负责他们的全部开销,另外还亲笔写了封推荐函,要求他在欧洲分公司的主管提供他们所需要的所有服务。爱德华·查利弗先生高兴地满载而归。

他为什么能顺利筹到经费?

你来之前准备的一切,常常让你少花钱多办事。机会青睐有准备的头脑。

写论文的兔子

一天,一只兔子在山洞前写论文,时而抬起头来思考,时而又低下头奋笔疾书。一只饥饿的狼不怀好意地走了过来,问道:"兔子啊,你在干什么?"兔子回答说:"我写论文。"狼又问:"写什么……?"

"浅谈兔子是怎样吃掉狼的。"兔子认真地回答。

狼听了哈哈大笑,表示不信。兔子说:"不相信的话,你一起去。"于是兔子把狼领进了山洞。过了一会儿,兔子独自走出山洞,继续写文章。

有一只狐狸看到一只兔子走过来问:"兔子你在写什么?"兔子答道:"写论文。"狐狸也问:"题目是什么?"

"浅谈兔子是如何把狐狸吃掉的。"兔子依旧一本正经地回答。狐狸也不信,于是同样的事情再次发生。狐狸随着兔子进了山洞后,就再也没有出来。

最后,在山洞里,一只狮子在一堆白骨之间,满意地剔着牙和兔子聊着天:"看来一只动物的能力大小,关键要看是否懂得巧借外力。"

你没有资源和能力,但必须知道外部势力可借。

不拉马的士兵

一位新上任的年轻炮兵军官,到下属部队视察操练情况。这一天,他来到了操练场上,发现有几个部队操练时有一个共同的情况:在操练中,总有一个士兵自始至终站在大炮的炮筒下,纹丝不动。军官觉得他们站在那里没有起到任何作用,这不是在浪费人力资源吗?

于是问他们的教练军官,得到的答案是:操练条例就是这样规定的。原来,条例遵循的是用马拉大炮时代的规则,当时站在炮筒下的士兵的任务是拉住马的缰绳,防止大炮发射后因后坐力产生的距离偏差,减少再次瞄准的时间。但是现在大炮已经大有改进,不会再有这种情况发生,所以也就不再需要有士兵站在炮筒下了。但条例没有及时修改,出现了不拉马的士兵。

于是这位炮兵军官向上面写了报告,取消不合时宜的法规。他的报告得到国防部的表彰。

这位军官为何会得到表彰?

参考答案

对于一个成功的团队,每个成员都应该有一个明确的岗位职责,从而提高整个团队的效率。人力资源的浪费,无疑将增强团队的成本和降低效率。

一个阴谋

　　洛杉矶的小镇,某天深夜11点钟,彼得警长接到报警。报案人称,发现自己新婚不久的妻子被人杀死在浴缸中。洛杉矶警察局警员赶赴现场。报案者是一个政界人士,他说今晚和几个同事开会。自己在9点45分曾打电话到家里,接听电话的时候妻子在卫生间,说正在浴缸里洗澡,叫他再过15分钟打来。他也听到了洗澡的水声。半小时后,也就是10点15分,他打电

话给妻子,她却没接。又过了15分钟,他又给家里打电话,她依然没有接电话。妻子一直没有接电话,他十分担心,于是迅速赶回家中,却发现妻子已经死在浴缸里。满是肥皂泡的水里充满了鲜血,浴缸边有一只破碎的啤酒瓶,浴缸里有四散的瓶渣碎片,大家都怀疑这个啤酒瓶就是凶器。警长吩咐

手下给报案人作笔录,可法医却走过来说:"报案人在撒谎,杀人凶手就是他自己。"警长有点儿不解了,问法医是否有证据。你知道法医找到了什么证据吗?

 **参考答案**

据报案人所述,其妻应在 10 点 15 分前遇害,那么在他赶回家中的 11 点左右,浴水中的肥皂泡早就消失了。因此法医认为报案人在说谎。

经营自己的长处

一个法国青年,由于家乡闹灾,失去了家人,独自流浪到巴黎,期望父亲的朋友能帮助自己找一份谋生的差事。

"你的数学很好吗?"父亲的朋友问他,青年羞涩地摇头。"那历史、地理怎么样?"青年还是不好意思地摇头。"那法律呢?"青年感觉有些无地自容。"会计怎么样?"父亲的朋友接连发问,青年都只能摇头回答对方,自己似乎一无所长,在家时也只是干些农活。

"你把自己的地址写下来,我会帮助你的。"青年羞愧地写下了自己的住址,然后转身要走。那人看到青年的字迹后,一把拉住了他:"年轻人,你的名字写得很漂亮嘛,这就是你的特长啊,你不该只满足找一份糊口的工作。"

把名字写好也算一个特长?青年在对方眼里看到了肯定的答案,他开始思考自己做什么能发挥自己的特长,于是他找到了写作这份差事。数年后,年轻人真的写出了世界著名的经典作品。他是众所周知的法国 18 世纪著名作家大仲马。

 参考答案

做事要善于经营自己的长处,如果用短处而非自己的长处来做事的话,很难高效地实现目标。

第二章 发现蹊跷

说谎的合伙人

宾克、莫森和布罗恩3个人是纽约一家颇负盛名的珠宝公司的合股人。夏季,他们一同飞往佛罗里达州度假。

一天下午,宾克带着莫森——一位不谙水性的钓鱼爱好者,乘坐游艇出海钓鱼,而布罗恩这位鸟类爱好者则独自留在别墅。

不幸的是,宾克背上背着莫森的尸体。他说莫森在船舷探出身子钓鱼,因风浪大船身剧烈颠簸,莫森失去平衡而落水,待他把莫森救上船时,莫森已经被淹死了。而布罗恩对警方则有另一种描述,他坐在别墅后院乘凉,发现一只稀有的橘红色小鸟飞过,他便兴致勃勃地追踪小鸟,用望远镜观察那只鸟在高大的棕榈树上筑巢,说来凑巧,他的望远镜无意中对准了海面,只见宾克与莫森在游艇上扭打成一团,宾克猛地把莫森的头按入水中。

格林警长听完布罗恩的叙述后,说:“布罗恩,你的供词是假的。”

警长为什么如此认定呢?

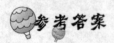参考答案

布罗恩的供词说明他对鸟类的了解少得可怜。因为棕榈树没有树杈,只有一片片宽大的叶子,鸟不会在上面筑巢。所以,他的供词是假的。

假 现 场

黑人姑娘斯通在一个荷兰血统的白人家里当佣人。房子的主人是一个爱唠叨的老妇人。因工钱不菲，斯通只好忍气吞声地在她家干活儿。一个酷热的傍晚，斯通干完了活儿正准备回黑人居住区时，女主人叫住她，又没完没了地唠叨起来，斯通一气之下就顶撞了女主人。结果，老太婆暴跳如雷，大声骂道："你这个黑鬼，竟敢顶撞我……"由于过分激动，老妇人突然心脏病发作，当场一命呜呼。

惊慌失措的斯通本想马上叫急救车，可又立刻打消了这个念头。因为在场的人只有自己，而且又和主人发生了争执。警方要是知道这一切，肯定会怀疑是她杀害了老太婆。所以她急中生智，把老太婆的尸体拖进厨房，把厨房的窗户关好，再打开大型电冰箱的门。这样，电冰箱内的冷气就可以降低室内的温度，尸体也很快会被冷却，待第二天她来上班时，再把电冰箱的门关上，把窗户打开，让厨房恢复常温。然后，她可以假装刚刚发现尸体就再警方报告。

斯通的计划会成功吗？

参考答案

不会成功。因为冰箱里有散热器，冰箱排出冷气的同时散热器也会散发热量，所以室内温度不会有较大改变。

发黑的银簪

酒馆老板的独生女儿贝丽妩媚动人，风流韵事层出不穷。有一天，她失踪了。第二天，她的尸体在树林后面的酒吧里被发现。一根银簪深深地刺

逆向思维的神奇

进她的心脏。名探格林从尸体上拔下银簪,用白纸拭去上面的血迹。银簪顶部十分锋利,闪闪发光,可作为防身的武器,柄端像被熏过似的黑糊糊的。

"这是贝丽的东西吗?"格林问酒吧老板。"是的,是前些时候男朋友哈里送给她的。"

格林叫助手把哈里找了来。哈里举止庄重,不过身上有一股硫磺的气味,仔细一看,哈里两手手指黄黄的,皮肤干燥,大概是患了皮肤病。

"真是让人头痛的病啊,涂了硫磺药吧,见效吗?"格林同情地问。"好多了,只是药味太浓。"哈里像是不想让人看到似的,把手藏在身后。"据说,你要同贝丽订婚了是吗?"

"是有这个打算,可贝丽说要推一推……"

"这么说你是憎恨贝丽变了心才杀死她的?"

"这是什么话,凶手不是我!贝丽还有其他的男人。"

"我有证据,是你杀的,你老实交代!"

格林根据什么认定哈里是凶手呢?

参考答案

银簪发黑便是证据。患皮肤病的哈里在手上涂了硫磺药剂,用涂药的手握银簪时,发生了化学反应,就会使银簪的柄端发黑。

婴儿的眼泪

底特律警察局不久前接到匿名举报,有个名为"飞狼"的拐卖婴儿的犯罪团伙,近日准备将一批"货物"移往境内兑换现钞。

警方组织警力前往火车站逮捕案犯。在火车站出口处,一位俏丽少妇怀抱着啼哭的婴儿,正随着缓缓流动的人群走近检票口。

"这孩子是怎么啦?是不是病了?"化装成车站服务员的便衣警察玛丽"关切"地问。

俏丽少妇幽怨地一瞥，叹道："唉，这孩子刚满月，我们夫妻俩忙得没时间照顾她，结果我家千金受了凉，得了感冒，真是让人发愁。"边说边给孩子擦泪珠。

玛丽上前摸了摸女婴的头，果然很烫："夫人，令千金多大了？"

"到今天才一个月零三天，唉！"俏丽少妇又是一叹，不停地给孩子揩泪珠。

玛丽的眼里顿时射出冷光，说："夫人，您被捕了！"

玛丽为什么要逮捕少妇？

参考答案

婴儿的泪腺在出生3个月后才能长出，而这个女婴才刚满月就不断地流出眼泪，显然有假。

假　案

有一天上午7点30分，刑警杰克在办公室，就有一个人气喘吁吁地跑来报案。他说："警官，我是个单身汉，一个月以前，我因公出差，今日才回来。回到家里，发现门被盗贼给撬了。"杰克赶到报案者的住所，只见门锁被撬坏，衣物被扔在地上，墙上的一只旧挂钟还在走着。杰克认真审视了环境，断定报案者在说谎。

杰克为什么作出这样的判断？

参考答案

旧挂钟要经常上发条才会走动，报案人说出差了一个月，挂钟早就应该停了，所以他是在说谎。

被牛皮杀死

美国西部的盛夏,天气十分燥热,大地上的每一滴水似乎都能被灼人的太阳吸干。一天傍晚,人们在农场附近的一棵枯树下看见了农场的继承人柯塔。他双目紧闭,嘴里塞着一团棉布,三道生牛皮绳紧紧地缠在他的脖子上。距农场15千米处的镇警察局接到报案后,来到了现场。经法医验尸,断

定柯塔的死亡时间是当天下午3点左右,是有人用牛皮绳把他勒死的。警察经过调查发现,柯塔的表哥荷西嫌疑最大。按照法律,如果柯塔死了,农场

的所有财产将被荷西继承。当警察审问荷西时，他否认了他们的推测，说下午3点钟他在镇上的小酒吧里喝酒，怎么能勒死15千米以外的柯塔呢？并说出好几个跟他一起喝酒的人。警察一一前去调查，至少有6人证实荷西从下午1点一直在酒吧里跟他们喝酒，到下午5点以后他们才离开酒吧。若不能证实荷西在案发时在场，就不能将他逮捕起诉，此案也很难再侦查下去。警长为此感到十分迷惑。这时，农场的老管家来到警察局，说："凶手就是荷西，柯塔是他用生牛皮绳勒死的。因为……"管家的一席话让警察醒悟了，立刻逮捕了荷西。荷西在铁证之下，只得认罪。为什么说柯塔是被勒死的呢？

参考答案

荷西是利用了生牛皮绳湿胀干缩的原理勒死了柯塔。荷西在去酒吧前，将柯塔绑在枯树上，用湿的生牛皮绳在柯塔的脖子上绕了3圈，当时勒得并不紧，柯塔还能正常呼吸。但在烈日的暴晒下，生牛皮绳慢慢干燥，一截一截地缩短，而柯塔嘴里塞满了棉布，喊又喊不出来，最后柯塔被牛皮绳勒死了。

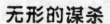

无形的谋杀

一个星期前，汤姆森先生彩排时意外死亡，死因是高空坠地导致颈骨骨折，这个危险动作是大导演罗宾命令他做的，汤姆森的妻子认为是导演谋害了丈夫。

悲剧发生后，整个剧组都不知道该如何是好，最后还是决定让导演罗宾去找汤姆森太太，跟她谈谈有关抚恤金的事。

没多久，大导演在自己的车子内中毒身亡，口中还咬着一根雪茄。

警方经检查，雪茄没有毒，在汤姆森家，罗宾没有喝任何东西。

凶手用什么方式杀害了罗宾呢？

凶手是汤姆森太太。她认为是罗宾害死了她丈夫,所以就想杀死罗宾。她在罗宾发动汽车引擎时,将车库的门关上。由于车库密不透风,所以罗宾吸入了汽车排放出的大量一氧化碳,加上雪茄烟的催化作用,于是中毒而死。

是集体自杀吗

8位中学生相约到深山郊游,深夜在一个密闭的小木屋内歇息,并拿出早已准备好的材料,烧烤食物。

忽然间,他们发觉饮用的水没有了,于是让胆子较大的山本同学出去取水。山本好不容易才找到水源,却迷了路。

直到第二天早晨,山本同学才返回小屋,见小屋外面围着许多警察,里面的7个同学被抬出来,每个人都面目发黑地死去,山本异常恐惧。

警方盘问了山本,发现他们的领队是某邪教信徒。

这些学生是集体自杀吗?

这是一个意外的事件,而不是集体自杀。在密闭的小屋内烧炭炉,一氧化碳会不断产生,不通风的话,室内的人就会中毒。

创造可能的条件

迈克是一个普通的年轻人,有妻子和孩子,他们的收入并不多。全家租住在一间小公寓,夫妇两人都渴望能有一套大点的房子,这样就可以有较大的活动空间,孩子也有地方玩,同时也增添一份产业。

然而买房子毕竟是一个不小的负担,要准备足够的钱支付首付。就这样,迈克和妻子一直没有下定决心买房子。可突然某一天,当迈克在签下个季度的房租支票时,感觉很不爽,因为房租跟买新房付的月供差不多。因此,迈克与他的妻子说:"下周,我们买新房子,你看怎么样?"

"你不是开玩笑吧!我们有这个能力吗?连首付都付不起!"妻子肯定地说道。

但迈克已经下定决心,说:"成千上万像我们这样的夫妇,希望买新房子,其中只有一半的人可以得到它。我们必须找到办法买房子。虽然我不知道如何凑钱,但我们必须找到一种方法。"

夫妇两人果然去挑选新房了,而且他们真的看上了一套两人都喜欢的房子,首付款是1200美元。现在的问题是如何凑够1200美元。迈克知道无法从银行借到这笔钱,于是就直接找承包商谈,向他私人贷款。承包商起先很冷淡,由于迈克的一再坚持终于同意了。他同意迈克1200美元的借款按月交还100美元,利息另外计算。

现在迈克要做的就是,每个月凑出100美元。夫妇两人想尽办法,一个月可以省下50美元,剩下的就要想方设法筹措。于是迈克就直接去找他的老板,他的老板知道他买新房了也很高兴。迈克说:"为了买房子,每月做挣50美元的工作。我知道,你觉得我值得加薪,但我现在想多赚一点钱。所以我申请在周末加班,你能答应我吗?"面对迈克的诚恳态度和雄心,老板非常感动,答应了他的请求。就这样迈克欢欢喜喜地搬进新房住了。

迈克凭借什么买到新房?

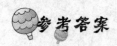 参考答案

当你有一个强烈的愿望,就必须积极寻找实现它的方法,不要犹豫拖延下去,要积极创造条件。

钉 画

一天,菲利普太太要在客厅里钉一幅画,并请她先生来帮忙。画已经在墙上扶好,正准备钉钉子,她先生说:"这样不好,最好钉两个木块,把画挂上面。"菲利普太太觉得先生的意见很好,就让他去找木块。木块很快就找来了,正要钉,先生又说:"等一等,有点大,最好能锯掉点。"于是菲利普太太便四处去找锯子。找来锯子,还没有锯两下,菲利普又说:"不行,这锯子太钝了,我得磨一磨。"

他家有一把锉刀,锉刀拿来了,他又发现锉刀没有把柄。为了给锉刀安上把柄,先生又去屋子边的灌木丛里寻找小树。要砍小树时,他发现他那把生满老锈的斧头实在是不能用。他又找来磨刀石,为了固定住磨刀石,必须得制作几根固定磨刀石的木条。为此他又到屋外去找一位木匠,说木匠家里有现成的。然而,这一走,就一直没回来。

那幅画,还是菲利普太太一边一个钉子把它钉在了墙上。菲利普太太钉好画后,就去街上找她的先生,发现他正在帮木匠从五金商店里往外抬一台笨重的电锯。菲利普太太觉得先生真是可笑至极。

菲利普先生可笑在哪里?

 参考答案

做事要分清轻重缓急,先主后次。

找错了人

从前一个人想得到人类最美好的物质和精神财富,他开始四处寻求。

路上,他遇见一个背着黑塑料袋的人,看到里面好像有什么东西在扭

动,他上前看了下说:"请把袋子里的鱼给我一条吧,我看见它们还在扭动呢。"那人什么也没说,直接从袋子中抓出一条给他,但那不是鱼,而是蛇。

他继续向前走,看见一个提篮子的妇女,篮子用一块布盖着,隐约露出里面的东西,那人就以为篮子里可能是人参,于是就向妇女要一支人参。妇女伸手从篮子里拿出一支给他,但那不是人参而是罂粟。

这个人继续朝前走,看见一个很富有的人,便上前说:"请把你的慷慨给我一点吧,让我做一个乐善好施的人。"于是富人从怀中掏出一把东西给他,不过那不是慷慨,而是吝啬。

这个人走了那么久,始终没有找到自己想寻求的东西。他很疑惑为什么人们给他的东西都不是他想要的呢? 他把他的困惑讲给一位智者。智者对他说:"他们并没有给错你东西,而是你找错了人。"

参考答案

实现自己的目标,重要的一条是寻找合适的合作伙伴,如果找错了人,就会事倍功半。

冤屈的卡恩

法国里昂,在城市郊外有一所专门关押重刑犯人的监狱,那里守卫森严,关在那里的犯人大部分 都是最凶残的歹徒。这天,汤姆探长来到监狱看望当监狱长的好朋友莱蒙。当他经过走廊时,有人忽然大叫:"我没有杀人!"顺着声音,汤姆探长发现一个相貌清秀的青年正拼命捶打着牢门。"这是怎么回事?"汤姆问道。"卡恩,杀人犯。"莱蒙简单地回答,"两名在森林公园里巡逻的警察被他杀了,我们抓住了他,这样严重的罪行,结果被处以死刑。"汤姆探长说道:"可是他说他是无辜的,看上去他也不像杀人犯。"莱蒙笑了起来:"我的探长,到这里的人有一半说自己是无辜的,有一半的人看上去像是好人。"可是凭着职业直觉,汤姆探长还是觉得有一些疑点,他提出应

逆向思维的神奇

该仔细核对一下卡恩的犯罪档案。莱蒙拗不过他，只好把卡恩的卷宗拿来。根据卷宗的记载，3个月前森林公园里发生了一起惨案，就在那个下着大雨的夜里，两名巡警遭人袭击，他们的尸体被发现时天已经晴了。大雨清除了凶手留下的所有证据，留给警察的线索只有留在泥土里的脚印。警方立刻搜查了整个森林公园，在1平方千米以内，只有卡恩一个人声称自己被大雨困住了。警方发现卡恩的鞋子和取得的鞋印石膏模型完全吻合。虽然这种款式的鞋子有很多人穿，但是大小完全相同又同时出现在犯罪现场的可能性非常小。因此，卡恩被逮捕了，法院判处他死刑，再过一星期就行刑。莱蒙看完以后说道："事情很清楚，现场只有他一个人，鞋印又完全吻合，他也没有不在场的证据,这个案件没什么疑问。"汤姆却激动地站起来说道:"恰恰相反,警察的关键证据——鞋印,其实也只能证明清白的卡恩!"你是否对此感到惊讶?为什么鞋印却能够证明卡恩的清白呢?

参考答案

天晴的时候,阳光直接照射到土壤,在让泥土变干的同时,也会让留在泥土上的鞋印收缩,一双40码的鞋印,大约会收缩半码。因此,如果鞋印模型和卡恩的鞋子完全吻合的话,只能说明卡恩是清白的,凶手的脚应该比卡恩还大半码。

正确的位置

布朗是一家大公司的职员,他所在的公司拥有上千名员工。或许是因为公司太大,他很难被发现并重用,所以也就一直没有被提拔的机会。布朗为此很懊恼。

一天晚上,布朗要去家里的地下室找东西,但突然停电了。于是他去找蜡烛,但没有找到,可在黑暗中他无意触动到一个音乐盒,伴随着悦耳的声音,那个音乐盒上还有一些彩灯亮闪闪的。布朗注意到这小彩灯的光并不弱。他想,要不然带着它去地下室试一试吧!果然,在黑暗的地下室里,音乐盒的光更加炫目,借助它的光亮,他很容易地找到了要找的东西。

通过这次事件,布朗感悟到了一些道理。于是,他决定从他所在的公司跳槽出来,加入到一个只有几十个人的小企业,并从市场部的一个小职员开始做起。因为他在原来的公司积累了丰富的工作经验,加上他个人本来就有不错的实力,不久布朗就被提升为项目部的主管。后来,他又很快地被提升为项目部经理。然而,这时布朗并没有在这个位置上久留,他又从这家公司跳槽到了另一家更大的公司,并直接做到了总经理的位置。最终,布朗成了一家跨国大公司的董事长。

逆向思维的神奇

布朗为什么能成功?

参考答案

微弱的星火,在合适的地方反而更耀眼。一个人如果懂得把自己放在一个恰当的位置上,那他离成功也就不远了。

聪明的小猫

猫妈妈终于把自己的孩子养大,这一天,它把小猫叫来,说:"你已经长大了,不能喝母亲的奶,3 天后自己找东西吃。"小猫不情愿地问妈妈:"妈妈那我该吃什么东西呢?"猫妈妈说:"你要吃什么食物,妈妈一时也说不出来,不过妈妈可以教你一个方法,这几天你躲在屋顶上、梁柱间、箱笼里、陶罐边,仔细倾听人们的谈论,他们自然会告诉你的。"

第一天晚上,小猫躲在梁柱间偷听,爸爸对孩子说:"大宝,把鱼和牛奶放在冰箱里,猫最爱吃鱼和牛奶了。"

第二天晚上,小猫躲在陶罐边,听见一个女人对男人说:"帮我的忙,把香肠、腊肉挂在梁上,然后把小鸡关好了,别让猫吃去了。"

第三天晚上,小猫躲在屋顶上,从窗户里听到一个妇人念叨自己的孩子:"桌上怎么还放着奶酪、肉松和鱼啊,吃剩下了也不收好,猫的鼻子特别灵,明天你就没得吃了。"

就这样,小猫非常开心地回家告诉猫妈妈:"妈妈,果然,就像你说的,只要我坚持倾听,人们会告诉我每天都应该吃的东西。"

参考答案

当做一件事情摸不着门路的情况下,懂得倾听,有时会帮你更快地寻到路径。

华盛顿被打以后

华盛顿还是一个上校时,他带领他的人驻扎在亚历山大。当时,那里正在选举弗吉尼亚议会的议员。一个叫佩恩的人因政治观点不同,反对华盛顿所支持的候选人。

有一次,就选举的某一个问题,华盛顿与佩恩展开了激烈的争论。由于华盛顿的言论一针见血、咄咄逼人,佩恩感到自己被冒犯了,所以一怒之下,他一拳将华盛顿打倒在地。当华盛顿的部下听说此事后,群情激愤,大家拿着武器一起去找那个叫佩恩的人,准备替他们的上司报仇。华盛顿知道后,马上前去阻止,并劝说他们返回营地,一场一触即发的不愉快事件在华盛顿的劝说下被化解了。

第二天一早,华盛顿派人给佩恩送去一张字条,请他尽快赶到当地的一家酒店来。佩恩怀着凶多吉少的心情如约到来,他猜想华盛顿一定是怀恨在心,要和他进行一场决斗。然而,令他吃惊的是,他看到的不是武器而是一桌丰盛的大餐。

华盛顿看到佩恩的到来,立即起身相迎,并笑着伸过手来,说道:"佩恩先生,犯错误是人之常情,纠正错误是件光荣的事。我相信昨天所发生的事情是我冒犯在先,如果你认为这能解决它,然后让我们交个朋友。"

佩恩很意外,也很感动地伸过去手。从此以后,佩恩成了拥护华盛顿的一员。

读了华盛顿的惊人之举你想到什么?

**参考答案**

做大事的人,不会因为一点小事而耿耿于怀,反而更加懂得团结一切可以团结的力量,以更快成就自己的事业。

逆向思维的神奇

家 庭 餐

在新几内亚,人们有吃蜥蜴蛋的习惯。有一家全家4口人都非常喜欢吃水煮的蜥蜴蛋和热汤。而有趣的是,这家人每个人喜欢煮蛋的成熟度不同,喜欢喝的汤煮的时间长短也不同。

这一天,一家人又要聚在一起吃水煮蜥蜴蛋、喝蛋汤。父亲要吃5个煮7分钟的蛋和煮3分钟的汤;母亲要吃3个煮8分钟的蛋和煮7分钟的汤;儿子要吃5个煮10分钟的蛋和煮10分钟的汤;而女儿要吃2个煮15分钟的蛋和煮2分钟的汤。假设这户人家只有一口锅。那么,需要花多长时间才能符合全家的要求?

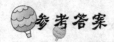

需要15分钟。这家人全部所需的蛋为15个,先把这些蛋一起放入锅中煮,在各人所希望的时间中,分别夹取蛋和舀汤汁食用即可,直到女儿最后吃上她煮的15分钟的蛋。

怎 么 分

从前乡下有一个大地主,他雇用了两名小伙种小麦。而两个人各有所长,其中大刘是一个耕地能手,但不擅长播种;而小王耕地不是很熟练,但却是播种能手。

这一年,大地主决定种10亩地的小麦,让他俩各包一半。于是大刘从东头开始耕地,小王从西头开始耕。大刘耕一亩地用20分钟,小王却用40分钟。可是小王播种的速度却比大刘快3倍。耕播结束后,大地主根据他们的工作量给了他俩100大洋的工钱。

他们怎么分才最合理？

不用计算，大地主早就决定他们两人"各包一半"。因此他们二人的耕地、播种面积都是一样的，工钱当然也应各拿一半。

看穿了的秘密

苏亚侦探所的电话铃响了，有人报案说，盗窃案发生在春天大酒店，请苏亚探长立刻前去解决。苏亚迅速赶到大酒店，听在场人员介绍案情。一

逆向思维的神奇

名叫汉娜的姑娘发现了窃贼,她向苏亚探长讲述了案情:"我早晨上班打扫楼道时,忽然听到 400 房里有响动,感到很奇怪。因为我昨天看过登记表,400 房并没住人,响声是怎么回事呢?所以我很不解,于是我就想过去看看。我就凑近门上的锁孔,想看看里面到底发生了什么事。结果我看到一名男子正在装东西,在把东西装完之后,他又偷走了左侧墙上的珠宝,然后从右侧的窗户跳了出去。当时我惊呆了,吓得说不出话,看到他跳出房间才想起喊人,等保安打开房门,那男子已逃跑了。"苏亚听完汉娜的叙述,又仔细查看了现场,果然如汉娜所讲,右侧窗台上有一对清晰的脚印,左侧墙壁距右侧的窗户有 5 米之远,门有 10 厘米厚,锁孔只有黄豆一般大。他沉思了一会儿,对汉娜说:"汉娜小姐,你别撒谎了,如果我没有猜错的话,你就是窃贼!丢失的东西应该还在酒店内。"说完对保安耳语了几句,不一会儿,保安从垃圾袋中找到了所有丢失的东西。汉娜终于承认了自己的罪行。请问,苏亚为什么这么肯定地说汉娜就是窃贼?

锁孔只有黄豆一般大小,门厚约 10 厘米,透过锁孔根本看不到左右相距 5 米的墙壁,由此可见汉娜是在说谎。她是个清洁工,可以将偷来的值钱的东西和垃圾混在一起,趁运送垃圾时带出酒店。可运送垃圾的车只有夜间才来,所以失物还在酒店内。

换 病 房

有一家医院共有 5 间单人病房。最右边的急诊病房现在空着。剩下的几个病房里分别住着 A、B、C、D 四位病人,他们的房间号分别为 4、3、2、1(如下图)。

走廊				
1	2	3	4	
D	C	B	A	急诊
走廊			走廊	

医院为了便于管理,需要调整病房,需要将病人 D 与 A 换一下病房,同时 C 与 B 也换一下房间。这样一来所有病人的位置就会按字母顺序排列,便于管理了。由于所有病人都已经付过住院费了,所以,不能把两位病人同时安排在同一间病房里,而且也不能在一位病人搬家时,将另一位病人留在风大的走廊里无人照管。护士长把这个任务交给了几个小护士,那么请问最少搬几次家?

参考答案

至少要搬 10 次:A 先到急诊病房,让 C 搬到 4 号,D 到 2 号,B 到 1 号,之后 A 到 3 号,再让 C 到急诊病房,D 到 4 号,B 到 2 号,A 到 1 号,C 到 3 号就可以了。

何时再聚餐

有 7 个年轻人,他们是好朋友,都喜欢同一个餐厅的味道。所以每个人每周都会到同一个餐厅去吃饭,但是他们每个人去餐厅的次数都不同,时间也不一样。大卫每天都去,莎莉每隔一天去一次,蜜雪儿每隔两天去一次,玛丽每隔 3 天去一次,浩儿每隔 4 天去一次,科林每隔 5 天去一次,次数最少的是马克,每隔 6 天才去一次。

就在昨天 2 月 29 日,他们又一次愉快地在餐厅碰面了,7 个人有说有笑,憧憬着下一次碰面时的情景。

请您回答,下次他们在餐厅见是在什么时候?

相隔天数加1需能被1~7之间的所有自然数整除。1~7之间的所有自然数的最小公倍数是420,也就是说,他们每隔419天才能在餐厅相聚一次。因为这一次聚会是在2月29日,可知这一年是闰年,那么第二年2月份就只有28天,由此可推,他们下一次相聚是在第二年的4月24日。

遗嘱的含义

古代印度有一个老人,他有3个儿子,老人在临终前留下遗嘱,要把17头牛分给3个儿子。他在遗嘱里写明:老大得总数的1/2,老二得总数的1/3,老三得总数的1/9。可是他们怎么分都不对,因为总数17的1/2、1/3、1/9都不是整数,而且按照印度教规,牛被视为神灵,不能宰杀的。即便是偷偷宰了,按上面算出的数字分配,也会剩下17/18头牛,3个儿子很疑惑,不知道如何根据父亲的遗嘱分配这些牛。

那么你知道应该怎么分这17头牛吗?

参考答案

向邻居借一头牛,这样的总数变成了18头牛;老大分1/2,可得9头;老二分1/3,可得6头;老三分1/9,可得2头。这样3人就共分去17头牛,剩下那头再还给邻居就可以了。

诚实族与说谎族的会议

一天,诚实族和说谎族长老们聚在一起开长老会,他们也邀请了亚里士多德来参加。然而亚里士多德因为临时有事而没有及时到会。于是他们先开起了会,会上他们选出了会议主持和副主持,然后围坐在圆桌边开始讨论。主持和副主持人并排坐在一起。

亚里士多德办完事后,急急忙忙赶到会场,但会议已近尾声。亚里士多德想了解各位长老都是什么族的,于是就对他们一一进行了询问,结果都说自己是诚实族的。听到这样的回答,亚里士多德发现自己问的问题实在好笑,因为诚实族的人一定回答自己是诚实族的,而说谎族的人因为要说谎,也不会说自己是说谎族的。想到这里,亚里士多德又对他们逐一问了一个问题:"坐在你左边的人是什么族的?"结果,每人的回答仍然一样,都说:"我左边的人是说谎族的。"亚里士多德非常失望,只好停止这个调查。

过了几天,亚里士多德忽然想到当时未曾注意出席会议的人数是多少,于是他又找到了会议主持,问当时出席会议的人数,主持说:"出席会议的总共41人。"但亚里士多德想,会议主持不一定是诚实族的,于是他又去问了开会时紧挨着主持坐的会议副主持,副主持说:"当时出席会议的总共是48人。"

主持和副主持说的人数不同,究竟应该相信谁呢?出席会议的有多少人,你能回答吗?

参考答案

已知在座的人都说自己左边的人是说谎族的,因而在座的人数必为偶数,而且诚实族的人与说谎族的人座位交替。既知出席人数为偶数,那么说出席人数为41人的会议主持就是说谎族的了。与他相邻的副主持自然就是诚实族的了。

送文件的谍报员

在一场重要的战争中,谍报员迈克尔要在2小时内将一份重要文件从A

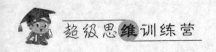

镇送到 B 镇的另一谍报员手中。这段路程如果走着去要 3 小时,而开车 30 分钟即可到达。

迈克尔本想开车到 B 镇,但没想到阵营里的 3 部车皆有故障:一部刹车失灵,一部方向盘既不能向右也不能向左,还有一部根本动不了。迈克尔检查了一下,每部车都加了刚好仅够来回的汽油。迈克尔很熟悉 A 镇到 B 镇之间是一条很遥远的路,那里几乎没有人。迈克尔稍稍想了想,就开始行动了,他知道自己可以在 2 个小时内完成任务。

你知道迈克尔是怎么准时送重要文件的吗?

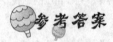

迈克尔先将刹车不灵的车子里的汽油抽出一半,然后驾驶该车向 B 镇开去,等汽油耗尽,车子停了下来,然后下车步行到 B 镇,能按时完成这项任务。

制造假象

在凌晨,坐落在洛杉矶大街的一幢公寓突然着火,从 1221 房间冒出来的全是浓烟。佩恩被消防队员救了出来,而他的同事大卫却被烧死了。案发后,经法医鉴定,大卫是因中毒而亡,时间大约是起火前 1 小时。这说明有人杀害了大卫,又纵火制造了假象。警方经调查得知,大卫因为和妻子麦蒂闹离婚,因财产问题夫妻两人一直未达成协议。

麦蒂是个绘画师,此时已是凌晨 4 点了,可她仍在挑灯创作。警长说明来意,麦蒂说:"我知道你们会怀疑我的,这不奇怪,其实我也是受害者。你看,我收到了一封恐吓信。"说着,拿出了那封恐吓信,递给了警长。只见信上用打字机打着:"我知道你就是杀害凶手,如果不想让我说出真相,你必须在明天下午 7 点带 80 万现金,到中心地铁入口处见面。不许报警! 报警我就撕票。"警长看完信,想了想问道:"起火时你在哪里?""就在这里。"麦蒂

答道。警长厉声说道："我想明白了！其实你就是凶手。"说着，让手下将麦蒂抓了起来。麦蒂一直在说自己无罪。警长说出了元凶，麦蒂顿时没话了。你知道为什么吗？

 **参考答案**

案发刚过 3 个小时，麦蒂不可能在深夜收到这封邮局送来的信，因为邮差只在早上开始送信，显然信是早就准备好的。

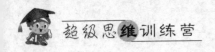

反被羞辱

哥伦布在结束自己的美洲之行后,回到欧洲,当地社会各界著名人士为了迎接祝贺他,举行了一场宴会。

然而在宴会席上,有一位年轻气盛的男士对哥伦布表示有些不服气,挑衅地说道:"你不过只是保持向西的航向,一直航行过去罢了,这一点随便什么人都可以做得到。"哥伦布听了,看了看眼前的这个无礼的人,并没有动怒。他想了想,从旁边盆子里拿起一个煮熟的鸡蛋,对那个人说:"尊敬的先生,你能不能设法让这个鸡蛋直立在桌面上呢?"那位男士接过哥伦布手中的鸡蛋,费了好大劲,怎么也无法将鸡蛋直立在桌上,看着旁边围观的众人,他感觉很丢脸,面红耳赤的。

哥伦布走过来,接过那年轻人的鸡蛋,一下子就使鸡蛋直立在了桌上。这时哥伦布对他说:"亲爱的先生,当一个人做成了一件事,其他人看起来都很简单。但是,在别人没做时,是没有先例,需要独立解决一个更困难的任务。鸡蛋问题不是可以说明这一点吗?"这时,那位年轻的男士无言以对,讪讪地走开了。

你知道哥伦布让鸡蛋直立的方法吗?

哥伦布拿起那个煮熟的鸡蛋,把大的一头往桌上稍用力"啪"地一放,蛋壳碎了一点,但鸡蛋稳稳当当地直立在了桌面上。

阿凡提的回答

大家都说阿凡提聪明,经常为百姓排忧解难,打抱不平。因此受到了百姓们的热爱与拥护。国王听说他的行为后，心里很有些嫉妒，于是叫人把他找来，想刁难他一下。

第二天，阿凡提应国王的命令，来到了宫中。国王见到阿凡提，便笑着对他说："阿凡提，听说你聪明绝顶，所以本王特意请你来为本王办两件事：你先给我盖一间天那样大的房子，然后给我收集地那么重的食物回来。你能做到吗？"阿凡提听了国王的话后，知道他在为难自己，但聪明的他却当场让国王无言以对。

你能想到阿凡提是怎样巧妙地应付国王的吗？

参考答案

阿凡提对国王说："行，不过您得给我一把能够量天的尺子，我才好盖出跟天一样大房子来；然后您还要再找一杆比地要大的秤，我才好收集到土地那么重的粮食啊。"

上山与下山

一天早上，太阳正在升起，一个和尚要上山顶的寺庙办事。他沿着一条狭窄的山路开始向上爬。山路只有一两个人宽，沿山盘旋而上，上山的路有时很陡，有时很平。所以和尚走得有时慢些，有时快些。一路上他几处歇脚、喝水，饿了就吃随身带的干粮。待他到达山顶的寺庙时太阳刚好下山。

和尚在寺庙里住了几天，办完事后便沿着原道下山。时间也是太阳刚升起就动身了，一路上依旧有行有歇，走的速度有快有慢。不过，他下山的平均速度要比上山快些。现在的问题是，沿途中有一个站点，无论是上山还是下山，和尚经过这个地方的时间有没有可能是相同的呢？也就是和尚在上山时经过此地点的时间是下午4点，那么他下山时经过此地点的时间也一定是下午4点。

 参考答案

把和尚想成两个人,也就是上山的和尚和下山的和尚,他们在同一天上下山。那么,他们一定会在途中的某处相遇,此处,就是和尚在上山和下山时都会经过的那个站点。

画家的鱼和财主的猫

有一个贪婪的人请一位画家,让他画一条鱼,并答应画家,如果画得好就付 500 元。然而当画家画好给财主看时,狡猾的财主带着自己的猫来拿画。他让猫站在那幅画前,可那只猫对这画一点儿也不感兴趣。于是财主找茬儿道:"猫可是最爱鱼的,你看我的猫对你画的鱼不感兴趣,那就证明你画的鱼不像,我不能给你 500 元了,如果你卖 50 元,我还可以勉强接受。"

那画家看出财主明显是在耍赖,突然想到他的厨房里刚烧好一条鱼,顿时计上心来,最后终于使贪心的财主按照事先约定的 500 元买了他的画。那么,你知道画家的妙计吗?

 参考答案

画家拿起那幅画,去了厨房,用烧好鱼的鱼汁涂在了上面,然后回来放到财主的猫跟前,对财主说:"可能你的猫没有看到我画的鱼,再让它看看吧。"结果那猫闻到画上的一股鱼味后,上去就舔。财主看到这情景,无奈只好兑现了之前所说的 500 元。

过河的农民

一天,农民老李要过河办事,他必须带着一条鱼,领着一只狗和一只猫一同去。老李来到河边,河边恰好有一只小船,但船确实很小,只可以乘一个人,另外可以带一只狗,或者带一只猫,或者带一条鱼,总之无法同时都带过去。但有一个问题是,如果一个人不在身边,那只狗咬了猫,猫想吃鱼。幸运的是,狗不吃鱼。

农民老李该怎样巧妙地安排这次渡河,你能帮助他吗?

参考答案

可以分成7个步骤。①农民先把猫带过河,将猫拴在对岸;②农民独自返回;③把狗带过河;④将狗留在对岸,把猫带回来;⑤把鱼送到对岸;⑥农民独自返回;⑦把猫送到对岸,这样就全过岸了。

痴情的人

在诺丁郡的北部教区,史蒂文神父是一个精明能干的人,他能解决很多疑难的事。这天,发生了一宗命案,地点就在史蒂文神父所管辖的教区,一个名叫安迪的牧羊人头部中枪而死。不久前,安迪的爱妻因病去世,刚刚下葬于天主教坟场。妻子下葬时,安迪十分悲痛,表示不想活了,又声称死后要与爱妻合葬。可是,根据教规,自杀的人不能葬在天主教坟场内。所以,当时大家都把安迪的话当成他在伤心境况下的胡言乱语。警方勘察了现场,发现死者死于羊栏外约15米的地方,而在羊栏旁丢有一把手枪,看来安迪是被人用枪杀害的。因为,自杀之后不能将手枪抛到15米之外。但是,神父却不这样认为,他发现羊栏内有一些纸屑。羊是喜欢吃纸的。他喃喃自

语："痴情的安迪，我知道你爱妻情切，希望与妻合葬，从而自杀而死，我不会告诉别人的，愿天主原谅我，阿门！"你知道神父有什么依据吗？

 参考答案

安迪先用一条15米长的纸带绑住手枪，另一端放在羊栏处，然后他开枪自杀。羊喜欢吃纸，纸带不断被吃掉，手枪便被拉到了羊栏旁。

奇怪的表

王氏三兄弟在同一家工厂上班,由于三人工作表现出色,而且从未迟到早退,该工厂的老板奖励给他们每人一块手表,鼓励他们守时的精神。

但麻烦也随之而来。老大的那块手表很准时,老二的表每天都会慢1分钟,而老三的表则每天都快1分钟。如果兄弟三人在收到手表的那天中午同时把手表调到准确时间并且此后不再调整手表的话,那么这3块手表需要过多少天才能再次在中午显示正确时间呢?

参考答案

如果这3块表要再次在中午显示正确时间,那么每天慢1分钟的那块表必须等到它慢24小时中的12个小时,而每天都快1分钟的那块表必须等到它快24小时中的12个小时。以每天1分钟的速度,那么得需要720天。

囚犯的自由

在古代,有个国家的一条法律条文很有意思,如果一个人犯了某个罪,就会被关在一个特殊设计的监狱。这个囚房有两道门,但都没有上锁。一个门是"活门",如果他打开这道门走出去,不仅能获得自由,而且外面还有一顿丰盛的大餐等着他。而另外一道门就是"死门",如果他打开这道门走出去,他便完蛋了,因为,门外等他的是一群饥饿的狮子。看守这所囚房的有两个守卫,一个非常诚实,从不说虚假的言语;另一个则是撒谎者,从不说实话。他们两个人,都知道哪一道门是"活门",哪一道门是"死门"。

有一个本分老实的人因为被诬陷关进了这所囚房,依据法律规定,这位老实人在行刑之前,可以问看守囚房的两个卫士问题,而且每个人最多只能

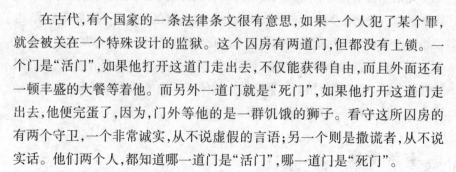

逆向思维的神奇

问一个问题,如果你是囚犯,如何问才能获得自由?

参考答案

他可以随便问其中一位卫士:"请问你,如果我问他(指另外一位卫士),哪一道门是'活门',他会告诉我是哪一道门?"不论答案指的是哪一道门,他都从另一道门出去,门外肯定有大餐在等待。

是公平交易吗

有一个人开了一家炒货店,只卖炸花生米,生意极好。有一天,他的天平坏了,两臂不等长。店主来不及去买新秤,就想出了个称东西的办法。客人来买花生米时,他把一半花生米放在右边的盘里,在左边的盘里添加砝码,天平平衡以后,称出了一个斤数。再把另一半花生米放在左边的盘里,而在右边的盘里添加砝码,也称出一个斤数,然后把两个数字相加,即作为花生米的斤数,向顾客收钱。店主觉得自己这样做可以做到"公平交易,老少无欺"。

然而,有一个挑剔的顾客提出了一种新办法。他准备买 1 千克花生米,他要先把 0.5 千克重的砝码放在右盘里,而在左盘里不断添加花生米,使得天平平衡。再把 0.5 千克重的砝码放在左盘里而在右盘里不断加花生米,也使得天平平衡。然后把这两次称出来的花生米装起来,就是他要的重量了。

猛一看上去这两种称法是一样的,但其实并不对。现在请你评一评:用这两种称法,究竟能否做到公平交易?假使做不到的话,那么哪一种办法是店主占了便宜?哪一种办法是顾客占了便宜?

参考答案

如果天平左右两臂的长度分别是 a 和 b,而且 a 不等于 b,店主的称法

（用砝码去称花生米），先把 0.5 千克花生米放在右面的盘里，则根据天平平衡的条件，左面盘里砝码的重必定是 $0.5b/a$ 千克，这是由于 $1 \times b = a \times b/a$ 的缘故。

同理可知，他把 0.5 千克花生米放在左面的盘里，则右盘砝码的质量必定是 $0.5a/b$ 千克，所以砝码所表示的数是 $0.5 \times (b/a + a/b)$。不等式原理，当 a 与 b 不相等时，必有 $0.5 \times (b/a + a/b) > 1$。这意味着，砝码所表示的重量超过店主实际出售的花生米重，店主明显占了便宜。反过来，按照顾客的称法（用花生米去迁就砝码），店主实际售给顾客的花生米不止 1 千克，店主吃了亏。

苦 肉 计

薇诺娜提着一整箱新设计的蓝宝石系列首饰，前往温哥华参加首饰博览会。接待处派凯莉将薇诺娜接到宾馆。凯莉将密码箱放在床头柜上，转身对薇诺娜说："在会议期间，我来照顾您的生活，需要什么跟我说就可以。"薇诺娜说："谢谢！明天早晨给我送一杯热牛奶就可以了。"凯莉说："好的。"走出了房间。薇诺娜洗完澡后重新检查了一遍密码箱里的首饰。第二天一起床，薇诺娜就打电话叫凯莉把热牛奶送来。然而，她的脸还没洗完，就听见外面"扑通"一声，她急忙跑出来，一看，只见凯莉小姐歪倒在房门口，头上流着血昏了过去。再往床头柜上看，密码箱不见了，只剩下一杯冒着热气的牛奶。薇诺娜报了警。电话拨出去没多久，保安部长赶来了，他命令保安人员封锁宾馆，救醒凯莉小姐并询问了她。凯莉告诉保安部长说："我来送牛奶，刚跨进房间，就觉得耳边有一阵风，接着头就被人猛砸了一下，当时就晕了，恍惚中看见一个蒙面大汉提着密码箱逃走了。"保安部长查看了房间，然后说："凯莉小姐，你的苦肉计并不够完美，还是坦白你的罪行吧！"随后他说出了原因，凯莉只好承认。猜猜看，这是什么原因？

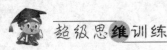

参考答案

凯莉如果一进门就被人打晕，桌子上怎么还会有冒着热气的牛奶。显然是她将密码箱交给同伙提走并打伤自己，造成密码箱被抢的假象。

第三章　敏锐的洞察力

谁是凶手

一天晚上,化学家修罗所在研究所的助理员露丝,在值班室突然被炸死了。

修罗赶到现场,见露丝躺在床上,脸部和胸部都扎进了不少玻璃片,满床是血,显然是在睡梦中被炸死的。地板上满是碎玻璃,还有一个直径很大的被震碎的玻璃瓶瓶底。看样子,这爆炸好像是由玻璃瓶内的什么东西引起的。修罗捡起一块碎片闻了闻,有一股酒精的味道。这就怪了,现场没有火药味儿和燃烧过的痕迹,这是怎么爆炸的呢?

修罗又发现,床上湿漉漉的,水不断地淌下来,地板也湿了。他想,这爆炸的玻璃瓶中一定装满了水。然而,水也不会爆炸呀!

修罗把与露丝同时值夜班的一个警卫叫来询问。警卫说在9点钟左右,下班的艾肯请他出去吃宵夜了,不过中间艾肯出去过一次。

艾肯是研究所里研究液态硝化甘油冷冻技术的研究员,修罗得知是她把警卫叫出去的,立即觉得这爆炸与艾肯有关,因为艾肯与露丝是情敌。这起爆炸也只有艾肯这样有技术背景的人才能搞出来。

那么,艾肯是如何制造爆炸的呢?

参考答案

艾肯是这样对付自己的情敌的:她趁露丝睡着,来到床边,在一个大口瓶中放入干冰,再小心翼翼地竖立放入一个灌满酒精的敞口瓶子和一个灌满水的密封的玻璃瓶子,将大口瓶放在露丝的身边,然后迅速离开。露丝在睡梦中碰倒了大口瓶,干冰和酒精掺和在一起,温度能降到零下80℃,密封着的玻璃瓶中的水也就结成了冰,其体积迅速膨胀起来,使得密封的玻璃瓶发生爆炸,能像炸弹弹片一样飞出来伤人。

仆人的谎话

秋日的黄昏,警长埃里受邀前去麦瑞小姐家吃饭,仆人给他开了门后,招呼他在客厅坐下,然后就上楼去找麦瑞小姐了。不到一分钟,突然从楼上传来了惊叫声,仆人赶忙跑下来,叫嚷着:"不好啦!麦瑞小姐遇害了!"埃里马上跑上去,发现麦瑞小姐的卧室房门紧闭,他与仆人一起撞开房门。麦瑞小姐的房间没有开灯,月光透过窗子射了进来。

仆人对埃里警长说:"我刚才来敲门,喊了半天也没人应答。门从里面被反锁上了,我想是不是小姐出事了。于是我从锁孔往里面看,灯光下只见小姐趴在桌子上,我怎么喊她也不动。突然,灯灭了,这个房间是在黑暗里,我猜是凶手可能还在房间里,听到声音后关灯逃跑了。"

埃里警长走进房间,房间地面没有凌乱的足迹。然后他用手摸了摸灯泡,发现灯泡是冰凉的。他迟疑了一下,打开灯,发现麦瑞小姐的头部被人重击。

埃里问仆人:"你从锁孔往里看时,灯是亮着的吗?"仆人点了点头。

"那么问题就很简单了,即使你不是凶手,凶手也跟你串通好了。"埃里冰冷地对仆人说。仆人大惊失色,承认了犯罪的事实。

埃里通过什么判断仆人是凶手呢?

灯泡就是证据。按仆人的说法,房间里的灯应刚刚熄灭不久,秋天的天气并不冷,灯泡应该还是热的才对。

精准的凶手

正当时装发布会后安妮准备接受媒体拍照时,摄影棚的电路系统忽然遭到破坏,全场陷入一片漆黑之中。随即,黑暗中传来枪声和一声惨叫。

人们点燃蜡烛时,发现名模安妮已倒在血泊中。经警方勘察,安妮是心脏部位中弹致死,凶手用的是狙击枪。经过调查发现有 4 位与安妮有关系的嫌疑人。

某艺术家,性格孤僻,追求安妮却被拒绝,对其一直怀恨在心。某化妆师,和安妮的关系不错,与安妮交往中。某富家子弟,安妮的狂热追求者,妒忌心较强。某公司总裁,安妮的前男友,不过好长时间不来往了。

凶手在这 4 个人中间。谁是凶手?

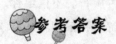 参考答案

凶手能在黑暗中准确无误地在远方射中死者的心脏,证明凶手事先在死者的心脏部位涂了荧光剂。唯一能在死者身上做手脚的人就是化妆师,所以化妆师是凶手。

报复前女友

贝拉与现任男友因感情不和分手了,男友很痛苦,于是一个报复计划在

逆向思维的神奇

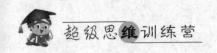
他的脑海中产生了。

他知道贝拉有个习惯,起床后用新鲜牛奶洗脸。每天早晨都有一名送奶工给她送来一瓶新鲜的牛奶,放在她家门口的一个小箱子里。

于是在一天早上,贝拉的前男友看到送奶工把牛奶放进那个小箱子后,就蹑手蹑脚地来到门前,打开奶瓶的盖子,将准备好的浓硫酸溶液倒了进去,他要毁掉贝拉的面容!他回到他的家,想着贝拉会哭着去医院。

第二天,他却发现贝拉安然无恙。为什么贝拉没被毁容呢?

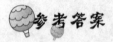

因为在牛奶中加入浓硫酸后,会产生白色絮状沉淀,贝拉认为牛奶变质了,就没有使用。

有破绽的证据

间谍埃菲尔被某国的秘密警察逮捕并受到审问。

"这个月5号的爆炸事件是你干的吧?"警察问道。

埃菲尔连忙解释说:"真是不巧,本月5号我正在蒙古旅行。不信给你看这张照片,这是我骑着骆驼穿过戈壁沙漠时,让蒙古导游给我拍的。"警察看了一下照片,背景果然是一望无际的沙漠,埃菲尔笨拙地卡在骆驼的脖子和单峰之间。

出乎埃菲尔的意料,警察冷冷地说:"你应该多知道点儿生物知识。"

埃菲尔出示的证据有什么破绽呢?

参考答案

单峰骆驼只生活在北非、中非、阿拉伯半岛等地,而在印度、中国、蒙古,只有双峰骆驼。

有用的证据

　　大律师波凯办案成功无数,但也因此结交了很多仇家。一天深夜,波凯正在事务所办公室里喝着威士忌,突然,闯进来一名黑衣人。"波凯,真不好

意思,你的死期到了!"说着就从兜里掏出了枪。波凯却端着酒杯,神色镇定地问道:"着什么急啊! 是被人指使的吧?""一个非常厌烦你的人。""佣金不多吧? 我出3倍的价钱,怎么样?"这名刺客一听,好像有点儿动心。波凯倒了一杯威士忌,递到刺客面前,带有几分讥讽地说道:"怎么样,我们喝一杯?"虽然有些动心,但刺客还不敢掉以轻心,右手举着枪对准波凯,伸出左手接过酒杯,很快喝了下去,接着便急切地问道:"你真有钱吗?""那个保险柜里有的是。"波凯指着保险柜说道。为了使对方放心,波凯一只手端着酒

— 73 —

杯,另一只手去开保险柜,从里边拿出一个鼓鼓囊囊的信封放在桌子上。就在刺客把手伸向信封的那一瞬间,波凯手疾眼快地把刺客用过的酒杯和保险柜的钥匙都放进了保险柜,关上柜门并拨乱了数字盘。这样,保险柜便再也打不开了。"你在做什么?"刺客见状立刻把枪口对准了波凯。波凯微微一笑道:"那个信封里全是些旧单据。""你,你说什么?""好吧,你开枪吧!即使你杀死我逃走,你也一定会立即被捕的,因为你留下了有用的证据。""什么?我留下了证据?"刺客问道。突然,他又想起什么,"唉,我上了你的当了!"于是失望地溜走了。猜猜看这是为什么呢?

参考答案

波凯所说的"决定性证据"就是刺客的指纹和唾液。波凯将保险柜的钥匙和刺客用过的玻璃杯放进保险柜,关上了柜门。在那个玻璃杯上,留有刺客喝威士忌时的唾液和左手的指纹。

善意的谎言

一列火车驶过时,一位中年富商被火车撞死了。

铁路警察赶到现场,凡靠近富商的旅客,均被请到警察局接受调查。但是,因为在当时的月台上许多旅客,谁也没有注意到富商被推下月台的细节。

一女青年向警察指证她的男友故意将富商推下月台。警官从她的眼神中看出了她对男友的仇恨。她说与男友刚经过一场激烈的争吵,随后决定分手,男友到车站送她离开。到月台上,她的男朋友见到有钱的商人,相互勉强点了点头,可以看出他们是认识好久的朋友。她说那列火车经过时,火车的强大风力将她吹得向后倒去,就在这一刹那,她看见男友用右手猛推富商背部,使富商跌下月台被火车撞死。

警官听完她的叙述后，沉思良久，然后对她说："你对你男朋友的诬陷，这是一种犯罪！"

警官是如何识破女青年的谎言呢？

 **参考答案**

火车经过时，在车身周围会形成一个低压区，人只能被气流吸向火车，不可能向后倒去。

挂表的时间

1887年1月12日清晨，泰晤士河滨街陷入一片混乱之中。原来，某码头的工作人员上早班时发现保险箱被撬，失窃了一笔款子。

那天晚上，水上警察发现看守人的尸体，经法医鉴定，他是被谋杀后抛入泰晤士河的。在死者的衣袋里发现了一块走时十分精确的高级挂表，但已经停了。无疑，表针所指示的时间是一个十分重要的线索。可是一个笨拙的警察竟然忘记了要保持现场完好如初的规定，出于好奇，把挂表的指针拨弄了几圈。他这种愚蠢的行为，当即遭到同事的严厉斥责。

后来，探长问他，是否还能记得刚发现挂表时表针所指示的时间。警察听到长官向他问话，当即报告说，具体时间他没有细看，但有一点令他印象十分深刻，就是时针和分针正好重叠在一起。而秒针却正好停在表面上一个有斑点的地方。

探长听后，看了看挂表。表面上有斑点的地方是49秒。他想了想，确定尸体被扔进河确切的时间，与法医尸检报告是一致的。这样一来，就大大缩小了侦查的范围，很快抓到了凶手。

你知道挂表时针究竟停在什么时间吗？

逆向思维的神奇

参考答案

在 12 小时内，时针与分针有 11 次重合的机会。我们知道，时针的速度是分针的 1/12，因此，在上次重合以后，每隔 1 小时 5 分钟 27 又 3/11 秒，两指针就要再度重合一次。

在午夜零点以后，两指针重合的时间分别是：1 点 5 分 27 又 3/11 秒，2 点 10 分 54 又 6/11 秒，3 点 16 分 21 又 9/11 秒，4 点 21 分 49 又 1/11 秒。最后这个时间正好符合秒针所停留的位置，因此它就是侦探所确定的时刻。

被害时间

上午 9 点，私家侦探格林来到海边散步，看到一只帆船倾斜在海滩上，此时已是退潮的时候。他越想越奇怪，所以他来到帆船的附近。走到船边的时候，他对着船舱大喊了几声，可并没有人回答。这么一来，格林就更好奇了，他沿着放锚的绳子爬到甲板上，从甲板的楼梯口往阴暗的船室一看，呈现在眼前的是一位倒在血泊中的航海家，胸前插着一把短剑，看样子是被刺死的。

这名航海家的手中紧握着一份被撕破的旧航海图，在他躺卧的床头上，还竖着一根已经熄灭的蜡烛，蜡烛的上端呈水平状态，也许航海家是在点燃蜡烛看航海图时被杀害的，凶手杀死航海家后就吹灭了蜡烛，夺去航海图逃跑。

格林认为这是一宗谋杀案，事关重大，于是马上报了警。警察来了以后开始寻找线索。

"这艘船是昨天，约在晌午停泊在这里的，房间里很黑，所以，即使在白天看图表也需要点亮一枝蜡烛，因此航海家死亡时间不确定是晚上。"警察们一面查看尸体，一面讨论着。

"航海家是昨晚 9 点被杀害的。"格林干脆利落地判断。

确定时间跟潮汐的涨退有关,海水的涨潮及退潮之间一般隔6个小时,那么上次退潮是12小时前。因为"蜡烛的上端呈水平状态",证明它在燃烧的时候船也是平衡的。由此可推理出航海家被害的时间。

卖猪的张飞

张飞是个粗中有细的人,曾以贩卖小猪为生。有一天,他挑着两筐小猪来到市集上,刚放下担子,就有一个一脸横肉的大汉走来,他对张飞说:"我要买你的两筐小猪的一半零半只。"话音刚落,又过来一个黑脸大汉说:"你卖给他以后,那我就买你剩下的一半零半只。"还没等张飞开口说话,这时又挤过来一个白面书生说:"你若卖给他俩,我就买他俩剩下的一半零半只。"张飞一听,急了,眉头紧锁,心中一股怒气:这卖猪哪有卖半只的,这不是存心欺负俺老张吗?正想跟他们争论,这上门的生意不能不要啊?张飞思考了片刻,便想到一个解决的办法。最终张飞照他们三个人的要求,小猪正好卖完。

你知道张飞一共卖了多少头小猪?他们三人各买了多少头吗?

张飞共卖了7头小猪:一脸横肉的大汉4头,黑脸大汉2头,书生1头。

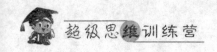

聪明的吐鲁番大臣

　　古时候,有位皇帝的公主到了适婚年龄,前来提亲的人有很多,而且都很优秀,他不知道该把女儿嫁给谁。一位大臣帮皇帝出了个主意:可以给前来求婚的人出一道试题,谁能答出来,便招他为驸马。皇帝听了,拍手称好,便让大臣来出题考他们。

　　那位大臣叫人取来 100 根粗细相同的圆木,对求婚的人们说:"这些圆木的两端都一样粗,你们谁能分辨出哪一头是根,哪一头是梢吗? 谁能回答我的问题,他便有机会迎娶皇帝的女儿。"

　　众人对圆木看了又看,摸了又摸,谁也分辨不出根梢来。来自吐鲁番国的大臣让人把圆木运到河边然后全部投入了水中。一会儿工夫他便分辨出了圆木的根和梢来。

　　他是如何分辨的?

参考答案

　　圆木被投入水中,等河面平静后,就能看到 100 根圆木都有一头吃水深些,一头吃水浅些,每根都在水里倾斜着。这样就能看出吃水深的是根,吃水浅的则是梢。

机敏的警察

　　彼特是技术娴熟的小偷,打听到海滨别墅有一幢房子的主人去瑞士度假,要到月底才能回来,彼特决定去干一票。于是,在两天后的一个夜色的笼罩下的晚上,彼特偷偷潜入了别墅。他发现冰箱里摆满食物,于是从其中拿出来两只肥鸭。几个小时过去了,周围十分宁静。彼特点燃了壁炉里的

干柴,屋子里更暖和了。彼特坐在桌边,那只肥鸭已被烤得散发着香气,他一边把电视打开,将音量调得很低,看电视里的天气预报节目。突然,门铃响了,彼特吓得跳起来,不知所措。门外来了两个巡逻警察……彼特为什么会被抓呢?

参考答案

因为彼特点燃了壁炉里的干柴,烟囱必然冒烟,屋里没人,而烟囱冒烟,引起了巡逻警察的注意。

聪明的粮食大臣

印度曾有个国王,是个棋类爱好者。一次,一位僧人发明了一种新式棋,国王得知后便让那个僧人教他玩,国王很高兴,对发明人说:"我要重重赏你,你需要什么,我一定赏赐给你。"

这种棋的棋盘上共有 64 个空格。于是那位僧人不慌不忙地说:"我别无所求,只希望国王赏赐给我一些麦粒,在 64 格棋盘上,第一格放 1 粒,第二格放 2 粒,第三格放 4 粒,第四格放 8 粒,依此类推,每一格比前一格加 1 倍,一直加到第 64 格。"

国王马上答应僧人的要求。他立刻下令让人去办,但没想到的是,管粮仓的大臣算下来,一共要付 18 446 744 073 709 551 615 粒麦子。1 立方米的麦子大约有 1500 万粒,国王赏赐的麦子约有 12 000 亿立方米。全国几万年生产的麦子加在一起,还没有这个数目大。但君无戏言,国王不知道怎么办。而聪明的粮食大臣想出了一个绝妙的主意,帮助国王渡过了难关。

你知道他是怎么做的?

参考答案

他让国王下令请那位僧人自己一粒一粒地从粮仓里数出他所要求的数目。而其实数的速度是有限的,就算 1 秒钟数 10 粒,1 小时也只能数出 36 000 粒;每天数上 10 小时,也只能数到 36 万粒麦子;数上 1 年,也只有 1.3 亿多粒,想要全部数清国王赏赐给他的麦子,要 1000 多亿年呢。就这样,那个僧人给国王出的难题,又被聪明的粮食大臣挡了回去。

露丝夫人的损失

约翰夫人和露丝夫人在市场里卖苹果。由于约翰夫人家里突然有事，要离开一会儿，她便把她的苹果交给了露丝夫人，托她代为叫卖。

两人都有一样多数量的苹果，但是露丝夫人的苹果个儿较大，1 便士能买 2 个，而约翰夫人的苹果 3 个才卖 1 便士。露丝夫人为了大家都不吃亏，就把两人的苹果混在一起，按 5 个卖 2 便士的价格出售。结果等约翰夫人回来时，苹果已经全部卖光了。但在分钱时，却发现少了 7 便士，而露丝夫人并没有多拿一分钱。

假定为了公平起见，要把钱平分，请问露丝损失多少？

参考答案

两种大小不同的苹果分别按每只 1/3 便士和每只 1/2 便士的价格出售，如果两者平均时，每只价格为 5/6 × 1/2，即 5/12 便士，相当于 25/60。如果 5 个苹果卖 2 便士，即 1 只苹果 2/5 便士，相当于 24/60 便士。这么一来，露丝夫人每卖掉 1 只苹果，就要损失 1/60 便士。

团队配合

一场排球赛，队员的配合是很重要的，每对都有 6 个人。所以为了使比赛时队员间配合默契，教练对上场队员的最佳配合方案提出了以下 8 条原则：

①1 号和 3 号要么都上场，要么都不上场；

②只有 4 号不上场，7 号才上场；

③只有 8 号不上场，11 号才不上场；

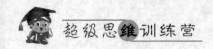

④如果4号上场,则10号不上场,而4号不上场,那么10号就要上场;

⑤除非10号不上场,3号才不上场;

⑥1号和8号两人中,只能上一个;

⑦倘若11号不上场,12号和9号也不上场;

⑧10号和6号也只能上一个。

在一次排球大赛中,教练决定7号一定要上场。

那么,根据教练对上场队员的最佳配合原则,在这场比赛中,该怎么安排?

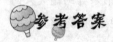参考答案

已知7号是这场必须上场的队员,那么根据原则②可推知4号不上场;4号不上场,又以原则④推知10号必上场;10号上场,又根据原则⑤可推断3号应上场;而原则⑧是"10号和6号只能上一个",既然10号要上场,6号自然就不能上场了;原则①说:"1号和3号要么都上场,要么都不上场。"现在3号上了场,1号也得跟着上场;1号上场,根据原则⑥,不难推出8号就不能再上场了;而原则③的规定是:"8号不上场,11号就不上场";原则⑦又规定"11号不上场,12号和9号也不得上场";另外2号和5号是不受原则约束应该上场的队员,故应该让1、2、3、5、7、10号这6名队员上场。

升 降 职

一个大官要对他的6位手下官员A、B、C、D、E和F进行职位调动改组。这6位官员得知此消息后,对升降做了预言。

A:A和B的官位都将降级。

B:E的官位将高于D和F。

C(原来官居第3位):D的官位将高于F。

D:D恰好官升一级。

E:E 将降级,C 将高于 A。

F:F 将降级,C 将升级。

结果,预言正确的都升了官,而预言中有错误者都降了职。6 名官员中无一官居原位,其中至少有 2 名升级,至少 2 名降职。

请分别列出 6 名官员官位次序。

参考答案

先来推算改组后的名次。升级者的预言正确,降级者的预言中有错误但并非全错。A、E 和 F 都预言自己降级,他们就不能成为升级者,不能居原位,所以只能降级,其预言中的另一内容必定错误,即从 A、E 和 F 的语言分别可推得:改组后 B 升级,A 高于 C,C 降级。又由于升级者至少有 2 名,余下的 D 必是升级者。由 D 的预言可知 D 升了一级。由降级的 C 的预言可推知 F 高于 D。再由 B 的预言一并推知:E 高于 F,F 高于 D,D 非最高位者。由于 D 只升一级,且 D 低于 F,可见,改组后名列首位的必为 B;同时可知,在改组前,B 应处在末位,不然降级者 A、E、F 或 C 中的某一个人就无法降级。名列末位的必为降级者,应为 C(因 A > C,E > F > D)。现在已可列出 A 以外的 5 人名次为 B、E、D、C,余下的 A 应该排在哪里呢? 根据 C 是改组前的第三位,D 只升了一级,以及 E、F、A 都是降级者这 3 个条件的限制,所以 A 在第五位。改组前和改组后的顺序如下。

改组前:E、F、C、A、D、B

改组后:B、E、F、D、A、C

出勤安排

有一个工厂在不同的时期、不同的情况下,又会有一套出勤规则,规则是如下安排的。

①如果 A 来上班,B 必须休息,除非 E 不出工;若 E 不出工,B 必须出

工,而 C 必须休息。

②A 和 C 不能同天出工或同天休息。

③如果 E 来干活,D 必须休息。

④如果 B 休息,E 必须出工,除非 C 来上班。若 C 来上班,E 必须休息,而 D 必须来干活。

为了产品进度需求,工厂的生产必须打破常规,一周 7 天都要开工。因此,要作出一个安排,使 7 天之中每天都有一批工人来上班。

请根据以上的信息,推出谁哪天休息,哪天上班。

参考答案

每个人上班的天数不一定一样多,每天上班的人数也不一定一样多。得出 7 天上班人员出勤的安排分别是:AE、ABD、AB、CD、BCE、BCD、BC。

救命指示

荷兰阿姆斯特丹海滨,那里阳光明媚,景色十分美丽,一架游览用的小型飞机正载着 4 个游客在海滨上空游览观光。这些游客都是专门来阿姆斯特丹游玩的。飞机沿着靠近海岸的一边慢慢飞翔着,突然飞机里冒出来一个不怎么看风景的乘客,他拿出一把枪打碎了飞机上的通信系统,他用枪指着飞行员的头说:"赶快飞到那边的那个小岛上去!"飞行员被吓坏了,知道自己遇上了劫匪,心里一点都不平静,手脚开始不听指挥了。马上,飞机摇晃了起来。

"笨蛋,我不会杀你。只要你听我的指挥,降落在那边的那个小岛就行了。快让飞机正常飞行。快点儿! 我可不想让我的子弹打穿你的脑袋。"穿白西装的乘客用枪敲着飞行员的脑袋说。"好……好的,只要你不杀我,你让我干什么都行。"飞行员害怕地说。很快飞机就正常飞行了,眼看就要着陆的时候,穿白西装的劫匪高兴地对飞行员说:"朋友,你真是好样的,我不

杀你,但是我想给你留些纪念。你看我的朋友来接我了,我可不想把我粗暴的一面展现在我的朋友面前。"果然,小岛附近的海面上,聚拢了三四艘快艇,然而,劫匪放眼一看,原来上面站着的全部都是海岸警卫队警察。"哈哈哈哈哈,笨蛋,放下你的枪吧。睁大你的眼睛,看看你的朋友来了没有?"飞行员得意洋洋地笑着说。"我终于明白这家伙最初的意思啦,刚才你是故意装出害怕的样子。"穿白西装的劫匪无奈地叫着。猜猜看,飞行员是怎么做到的?

 **参考答案**

飞行员假装害怕,借着手忙脚乱的假象在空中按照三角形的路线飞行,这是飞机在飞行过程中遇到危险的求救信号。

白马王子

琳达心目中的白马王子要高个子、黑皮肤、相貌英俊。她认识约翰、大卫、克比、布朗克斯4位男士，其中只有一位符合她的全部条件。4位男士的情况有如下特征。

①4位男士中，有3个人是高个子，两个人是黑皮肤，只有一人相貌英俊。

②每位男士都至少符合一个条件。

③约翰和大卫肤色相同。

④大卫和克比身高相同。

⑤克比和布朗克斯并非都是高个子。

请问，谁符合琳达要求的全部条件？

参考答案

根据①，有3位男士是高个子，则另一位不是高个子；然后根据④，大卫和克比都是高个子；再根据⑤，布朗克斯不是高个子；根据②，布朗克斯至少符合一个条件，既然他不是高个子，那他一定是黑皮肤；根据①，只有两位男士是黑皮肤，于是根据③，约翰和大卫要么都是黑皮肤，要么都不是黑皮肤，由于布朗克斯是黑皮肤，所以约翰和大卫都不是黑皮肤，否则就有3位男士是黑皮肤了；根据①以及布朗克斯是黑皮肤的事实，克比一定是黑皮肤；由于布朗克斯不是高个子，约翰和大卫都不是黑皮肤，而克比既是高个子又是黑皮肤，所以克比是唯一能符合琳达全部条件的人。

玛丽斯的匣子

玛丽斯出身贵族，不仅姿容绝世，而且品行绝佳。在她到了适婚年龄后，许多王孙公子纷纷前来向她求婚。但是玛丽斯自己并没有择婚的自由，她的亡父在遗嘱里规定要"猜匣"为婚。

玛丽斯有 3 只匣子：金匣子、银匣子和铅匣子，只有一只匣子里放着一张玛丽斯的肖像。在这 3 只匣子上分别刻着 3 句话。金匣子上刻的是：肖像不在此匣中；银匣子上刻的是：肖像在金匣中；铅匣子上刻的是：肖像不在此匣中。这三句话中，只有一句是真话。玛丽斯许诺：如果有哪一位求婚者，能通过匣子上刻着的这 3 句话猜中肖像放在哪只匣子里，她就嫁给他。

请问，求婚者应该选择哪一个匣子呢？

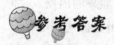 参考答案

求婚者应选择铅匣子。因为选金匣子或银匣子都不能满足题中"这三句话中只有一句是真话"这个条件。

推断生日

甲、乙、丙、丁、戊五个人的生日是挨着的，但并不是按照此次序排列。甲的生日比丙的生日早的天数正好等于乙的生日比戊的生日晚的天数。丁比戊大两天。丙今年的生日是星期三。

请问今年这 4 个人都在星期几生日？

逆向思维的神奇

甲的生日是星期一;乙的生日是星期四;丙的生日是星期三;丁的生日是星期日;戊的生日是星期二。

贪 婪 鬼

俄罗斯著名作家列夫·托尔斯泰在他的书中,写了一个发人深省的故事。

一个叫巴河姆的人去购买土地,卖地人有一个非常奇怪的出售原则:每天 1000 卢布,也就是谁出 1000 卢布,那么他从日出到日落走过的路所围成的土地都归他所有;不过,如果在日落之前,买地人回不到原来的出发点,那就一点土地也得不到,而且 1000 卢布也不能要回。巴河姆觉得这下可有便宜占了,于是他付了 1000 卢布,等天刚刚亮,就起床出发。他走了足足有 10 千米,然后再朝左转弯,接着又走了许久许久,才再向左拐弯,这样,又走了 2 千米。这时夜幕即将降临,而自己离清晨出发点却还有 15 千米的路程,于是只得马上改变方向,径直朝出发点拼命跑去。最后巴河姆总算在日落之前赶回了出发点,可是他还未站住,就两腿一软,倒在地上,一命呜呼了。

现在的问题是,巴河姆今日的路走了有多少千米? 他走过的路包围的土地面积有多大?

巴河姆这一天行走的路程约为 39.7 千米,所围成的土地面积约为 76.2 平方千米。

一元钱哪去了

3个朋友出去玩,到了晚上来到一家小旅馆投宿。他们要了一间三人房间,标价是一晚30元,于是3个人每人掏了10元交给了接待员。后来这家旅馆老板说今天优惠,只要25元就够了,于是拿出5元让服务生去退还给他们。可那不老实的服务生偷偷藏起了2元,然后把剩下的3元钱分给了那3个人,每人分到1元。

这样算来,一开始每人掏了10元,现在又退回1元,也就是每人只花了9元钱,3个人每人9元,一共就是27元,再加上服务生藏起的2元也只有29元,一元钱去哪里了?

参考答案

3个人每人9元是指他们花出去的钱,共27元,他们现在自己手里有3元,这两者之和为30元。在他们花出去的27元中,老板拿了25元,服务生拿了2元。

聪明的汤米

喜欢画画的汤米,是一个学生,今年15岁。一天,他独自一人来到郊外的山上写生。他画完一幅又一幅的画以后,画夹子里已经有了厚厚的作品。就在这时,一个黑脸大汉突然冒了出来,一下子把汤米按住,指使着汤米并且让汤米给家里打电话,让家里拿出10万元现金来赎人,要不然的话就杀了汤米。汤米吓坏了,只好给家里打了电话。"小子,你还算听话。我出去办点儿事,你就先在这里住一段时间。"绑匪说完,就锁上门走了。在黑暗的房子里只有汤米一个人,他便思量着怎么逃走。汤米观察了半天后,发现房子

很严密，除了一个很小的窗子外再没有透风的地方。想要逃跑真是一件不可能的事情，难怪那绑匪这么放心，甚至连自己的手脚都没有捆住。汤米翻了翻自己的口袋，发现了 3 个气球。忽然，汤米想起了老师曾经讲过的逃生的课程，其中一项就是用气球来演示的。汤米很快就把气球吹好，然后扯了几根衣服上的线，把气球从窗子丢了出去。希望有人会看到，并且通知警察来营救。不久，一个护林人巡山时，发现了气球。他取下气球，刚开始，还以为是哪个孩子调皮搞恶作剧呢，不料仔细一看上面居然有求救的信号，于是，他立刻报了警，警察迅速将汤米救了出来。汤米是怎样发挥他的聪明才智的？

参考答案

汤米在气球上写了两个 S 一个 O，排列起来就是"SOS"的求救信号。

赛马排名

在赛马场上有甲、乙、丙、丁4匹马赛跑,它们共进行了4次比赛。比赛结果分别是甲比乙快3次,乙又比丙快3次,丙又比丁快3次,大家都以为丁跑得最慢,但事实是丁比甲快了3次。这结果有可能发生吗?

参考答案

这样的结果是可能发生的,这4匹马的4次比赛结果的名次顺序是这样:第一次,甲、乙、丙、丁;第二次,乙、丙、丁、甲;第三次,丙、丁、甲、乙;第四次,丁、甲、乙、丙。

宙斯的保险箱

宙斯有个保险箱,保险箱的密码只有他一个人知道。这个密码的组成很有意思,是由3个号码组成的,每个号码有两位数,其中,第一个号码乘以3所得结果中的数字都是1;第二个号码乘以6所得结果中的数字都是2;第三个号码乘以9所得结果中的数字都是3。你能算出宙斯的保险箱密码吗?

参考答案

宙斯的保险箱密码是 37 - 37 - 37。因为:$37 \times 3 = 111$;$37 \times 6 = 222$;$37 \times 9 = 333$。

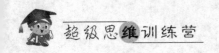

酒商供酒

贝克是芝加哥北部酒商,专门为当地的几家酒吧和咖啡厅供酒。这一周他要把 20 箱烈酒送到他的 4 个客户那里。他是这样分配的:汉拉迪酒吧获得的酒比荷兰人的咖啡厅多 2 箱;埃德的海威酒吧比萨尔的酒吧少 6 箱;萨尔的酒吧比汉拉迪酒吧多 2 箱;荷兰人的咖啡厅比埃德的海威酒吧多 2 箱。

这几个酒吧各拿了多少箱酒?

萨尔的酒吧获得 8 箱;汉拉迪的酒吧获得 6 箱;荷兰人的咖啡厅获得 4 箱;埃德的海威酒吧获得 2 箱。

钓了多少鱼

4 个好朋友卡莉、杰克、艾丽和昆汀一起相约去钓鱼。4 个人一上午共钓了 10 条鱼。其中卡莉钓的鱼比昆汀多;杰克和艾丽两个人钓的鱼与卡莉和昆汀钓的鱼一样多;卡莉和杰克两个人钓的鱼比艾丽和昆汀两个人钓的鱼少。

请你根据已知的信息,推断他们几个各自钓了多少鱼?

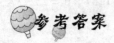

艾丽钓了 4 条,卡莉钓了 3 条,昆汀钓了 2 条,杰克只钓到 1 条。

花式台球高手

托尼是个花式台球高手,他在一场台球比赛中表现非常出色。5 轮过后他打进了 100 个球,而每轮他都要比前一轮多打进 6 个球。请你算出他 5 轮中各轮进球数。

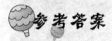
参考答案

每轮分别打进了 8、14、20、26 和 32 个球。

蹊 跷

汉森是一名南美洲的大毒枭,国际刑警一直追捕他。终于,他被国际刑警抓住了线索。一天,汉森与他的同伙驾驶着一艘帆船来到一座城市,和当地的贩毒分子接头。为了一网打尽和获得确凿的证据,在队长哈里带领下的缉毒刑警并没有急于对汉森下手,而是秘密监视着他,希望能够弄清汉森的同伙的人数以及他们的活动规律。很快,哈里就发现这条船上共有 1 名船主、5 个水手和 1 个厨师。通过监视,哈里还发现:船主每天早晨 8 点都会走上甲板,活动活动筋骨,呼吸一下新鲜空气,然后又回到甲板下面去。到了上午 9 点,厨师就会走出船舱,骑车上街买东西。另外的 5 个水手,上午在船上工作,下午上街游玩,傍晚喝得醉醺醺的,哼着小曲回来,天天如此。而那个厨师先去一家面包店,然后去一家调味品批发商店,再去一家乳品店、一家肉店、一家餐馆,最后买当天的报纸。厨师在每个地方都会短暂停留。每天都是这个规律。

经过了几天的观察,还是没有发现任何的线索,国际刑警组织的警察们有些坐不住了,纷纷对哈里说:"也许我们真的发现不了什么线索了。"哈里

看着着急的同事们，自信地说："线索我已经发现了，我现在就行动，这次一定会有收获。"正如哈里所料，刑警们成功阻止了毒贩的毒品交易。试猜想，哈里的线索是什么？

 参考答案

　　一艘船上仅有7个人，7个人再怎么能吃，也没必要天天采购调味品吧，即使每天采购调味品，也用不着到调味品批发商店，如此种种已经违反了正常人的生活习惯，所以哈里认为调味品批发商店就是毒贩的接头地点。

量　水

有棕、黄、蓝3种不同颜色的玻璃罐，而且3个罐子大小不同。蓝色罐子的容量比棕色罐子多3升，而黄色罐子的容量则比蓝色罐子多4升。现在要用这3个罐子来准确量出2升的水，而且只能倒9次，请你想一想是怎么量出来的？

参考答案

这9次的步骤分别是：①将蓝色罐子注满水；②把蓝色罐子里的水倒入棕色罐子里；③把棕色罐子内的水倒出去；④将蓝色罐子内剩下的水倒入黄色罐子内；⑤再将蓝色罐子注满水；⑥把蓝色罐子内的水倒入棕色罐子；⑦将蓝色罐子内剩下的水倒入黄色罐子内；⑧将蓝色罐子注满水；⑨将蓝色罐子内的水倒入黄色罐子内。这时，蓝色罐子内就剩下2升的水了。

纸　牌

有3张纸牌并排放在桌上，正面朝下。其中有一张牌是2，它在K的右边；一张方块牌位于1张黑桃牌的左边；1张A牌位于1张红桃牌的左边；红桃牌位于黑桃的左边。请你回答这都是什么花色什么牌？

参考答案

3张扑克牌分别为：方块A、红桃K和黑桃2。

被辞的保镖

一个富人请了一位保镖负责保护自己。这一天晚上,当警察的保镖做了一个梦,梦见一个刺客行刺他的主人。忠诚的他醒来后便马上把这个不祥之兆告诉了主人。谨慎的主人第二天便躲了起来。

当晚真的就有一个刺客想爬墙入屋,被这个已有准备的保镖打跑了。第二天早上,保镖很开心地向主人汇报,结果主人给了他一笔赏钱,随后又把他解雇了。保镖既委屈又气愤,让主人给他个理由。主人不动声色地解释给他听后,保镖无奈地拿钱走人了。

主人为什么解雇他?

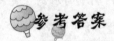参考答案

保镖既然负责巡夜看守,可他却睡觉做梦,可见他不是很有责任心的保镖,所以要解雇他。

是谁杀了秃鹰

有一对兄弟,父母早年双亡后,两人就相依为命,以打猎为生。这一天,兄弟二人照旧出外打猎,回来的路上遇到了邻村的一位老伯。那老伯早知道兄弟俩都很能干,为人也善良,因此打算将自己的闺女许配给他们其中一人。今天正好遇上兄弟二人,于是老伯便拉着他们的手说:"我家有一闺女,愿许配你们其中一人。但有一个条件,本村经常有一只秃鹰到村里抓鸡作恶,你们谁先打死这秃鹰,我就将女儿许给谁。"

哥俩听完,又意外又高兴。于是他们每天的任务就是等待那只秃鹰的到来。这天,兄弟俩果然将秃鹰打死了。哥俩提着秃鹰去找老伯,老伯看到

他们的到来万分欣喜,拉着女儿来见猎手。可出门一看,只见兄弟二人正为打死秃鹰的事吵架。

"我一枪打在秃鹰的背上,我是第一个打的!"哥哥说。

"我一枪打在秃鹰的胸膛上,是我打死的!"弟弟不甘落后地说。

老伯接过被打死的秃鹰,也分辨不清究竟是谁打死的,不知该如何是好。这时,老人的女儿把他父亲手里的秃鹰拿过来说:"爹爹,你不要犯愁,女儿知道该选谁。"于是,她把秃鹰递给弟弟,扭过头来对老伯说:"秃鹰是弟弟打死的。"说完,就进屋去了。请问,女儿怎么知道是弟弟打死的?

参考答案

秃鹰在天上飞,必然是胸部朝下,一枪打去必然先打在胸膛上。而哥哥不认输,在秃鹰落在地上后,又在背上补了一枪。所以老伯的女儿判断打死秃鹰的人是弟弟,而哥哥却在撒谎。

简单的方法

在美国华盛顿广场有个杰弗逊纪念馆,这个建筑物已落成使用很久,它表面的涂层早已斑驳脱落,甚至有些地方还出现了裂纹。政府担心会出现安全隐患,然后派专员调查,想努力解决这个问题。

最初调查员们以为蚀损建筑物的是酸雨。但后来他们又搜集了一些数据表明,冲洗墙壁所含的清洁剂对建筑物有强酸性作用,而该大厦每日都要被冲洗数次,其频繁程度大大多于其他建筑,因此受酸蚀损害严重。

可为什么要每天冲洗呢?调查人员继续调查,原来外墙上有鸟类的粪便,这粪便来自燕子。那这里为什么会有那么多燕子呢?因为在建筑物上会经常有蜘蛛,而燕子最喜欢吃蜘蛛。那为什么会有蜘蛛呢?也因为墙上有蜘蛛最喜欢吃的一种东西——飞虫。那飞虫为什么会那么多呢?因为这里很适合小飞虫的繁殖。那为什么这里适合飞虫繁殖呢?因为这里落满了

最适宜飞虫繁殖的尘埃。而这里的尘埃其实也并无特别,只是配合了从窗子照射进来的充足阳光,正好形成了特别刺激飞虫繁殖兴奋的温床,因此大量飞虫聚集在此,从而吸引特别多的蜘蛛,又吸引了许多燕子,燕子吃饱了,就会在大厦上方便了……

现在原因知道了那就可以解决了,那么你知道解决这个问题最简单的方法是什么吗?

其实最简单的方法就是拉上窗帘,这样就可以避免反射阳光而减少小飞虫的繁殖了。

不解之处

在一个深夜,巡逻警察发现一辆汽车停在路当中,于是前去看望,发现车中只有一名已毙命的男子,死者的左胸被子弹打中,当时死者的右手还紧紧地握着一支枪。根据调查得知,死者是黑社会人物。汽车前的挡风玻璃上有两处弹痕,左边的弹痕,是死者从车内发射的。而右边的弹痕是凶手从车外射击的;据警方估计,这是由黑社会之间的矛盾引起的仇杀。果然,数日后,另一黑社会组织的一名成员被警方逮捕了,他主动承认那个死者是他杀的,不过,他对办案的警察这样说:"我是正当防卫啊!我走在路上时,他突然从车里向我开枪,出于保护自己,我只有开枪打死他,因此把他射杀了。"你认为他说的话可信吗?

不能相信。理由是死者所射击的弹痕到后面那名男子所发射的玻璃弹痕处停止了,死者射出的子弹也落在汽车前。

有破绽的遗书

在洛杉矶的一家高级酒店内,有位客人服毒自杀,警探约翰接到通知后前往现场调查。死者是一位中年男子,从表面迹象看,他可能是因服用过量安眠药而死。

"这个英国人是3天前入住我们酒店的,桌上还留有遗书。"酒店负责人指着桌上的一封信说。约翰小心翼翼地拿起遗书细看,信文是用打字机打出来的,只有签名及日期是用笔写上的。约翰凝视着信上的日期:3 – 15 – 2008。然后像是找到答案一样,对他的同事说:"若死者是英国人,那么这封

逆向思维的神奇

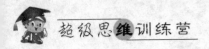
遗书应该是假的。这很可能是一宗谋杀案,而且凶手可能是美国人。"

　　请问他是怎么知道的?

参考答案

　　约翰是看了信上的日期后,才推断凶手可能是美国人的。因为英国人写时间是先写几号,再写月份。但美式写法则是先写月份,再写具体几号。

第四章　发现事实

时间抓到罪犯

某财团的董事长约翰想甩掉情人于斯，但是因为自己有很多不法的生意资料都在她手里，所以，一个杀人计划在约翰的脑海中形成了。

约翰带于斯去海滨浴场游玩。

"我不识水性，就不下水了。"于斯胆小地说。

"有我在你怕什么啊……我来教你游泳。"

于斯不好拒绝，于是就下了水。

约翰用力抓住于斯的手臂，把她按了下去……

然后约翰离开海滩，半小时后，警察来到现场进行勘察，虽然怀疑约翰，却找不出任何证据。可是第四天，警察就找到证据逮捕了约翰。

警方找到什么证据了呢？

 参考答案

于斯的尸体经过几天后会显现出明显的指痕，与约翰的手指大小吻合，因此可以确定是他杀害了于斯。

布朗先生的遗书

居住在纽约的布朗先生是一位大富翁,他有两个姐姐和一个弟弟,由于布朗年事已高,便早早写好了遗嘱,准备把自己名下的公司和上千万的财产留给两位姐姐的孩子。他找来了著名的律师大卫,把自己的遗嘱交给了这位办事公正的律师。

不久,布朗先生病重,没过几天就离开了人世。

就在布朗先生去世的第二天,布朗弟弟的孩子,也就是布朗的侄子考文来到了律师行。他来到大卫面前,拿出了一份遗嘱,对大卫说道:"亲爱的大卫先生,我知道我的伯父委托了你,但现在我想告诉你,我手里的遗嘱会是真的。因为它的时间比你手里的遗嘱时间早,上面写的遗产继承人是我。"

大卫想了想,说:"考文,你是如何得到的?"

"我是在伯父家的《圣经》中找到的。那天,我去他家看望他,伯父已经奄奄一息,然后他告诉我在《圣经》的 157 页和 158 页之间夹着他给我的遗嘱……"

"你在说谎!"大卫还未等他说完,就怒不可遏地斥责他:"你这个骗子!如果你能把手里的这份遗嘱放回原处,我就承认你是继承人!"

考文立刻怔住了,只好承认自己是在撒谎。

你知道大卫是怎么看破的吗?

参考答案

因为《圣经》的 157 页和 158 页是一张纸的正反两面,考文根本不可能在里面找到夹着的遗嘱。

假 证 词

布鲁克斯的妻子被人杀死了,悲痛不已的布鲁克斯对检察官说:"昨晚我很晚回家,刚巧撞上一个人从我妻子房里跑出来,跌跌撞撞跑下楼梯。借着门口那盏昏暗的长明灯,我认出他是费尔南多。"

被告费尔南多愤怒地嚷道:"他在撒谎!"

布鲁克斯继续说道:"费尔南多大约跑出一百码远,扔掉了一件什么东西,那东西在乱石坡上碰撞了几下后滚落进深沟,在黑暗中撞出一串火花。"

"这是胡编!诬告!"费尔南多气得满脸通红。

检察官举起一座森林女神的青铜像:"对不起,费尔南多先生,我们在深沟里找到了这件东西,要是再晚一个小时,那场大雨也许就把这些线索冲掉了。铜像底部沾的血迹和头发是布鲁克斯太太的,我们在铜像上取到一个清晰的指纹——是您的指纹。"

费尔南多反驳道:"我当时根本就没去他家。昨晚 7 点布鲁克斯打电话给我,说他 8 点钟想到我家来谈点儿事。我一直等到半夜,也不见他来,就睡觉了。至于指纹,那可能是我前几天在他家拿铜像玩时留下的。"

检察官感到案情很复杂,就找到大侦探迈克,把案情说了一遍,最后说:"布鲁克斯和费尔南多是同事,以前两人的关系很好,最近不知为什么关系开始恶化。"

迈克听完检察官的介绍后,说:"凶手不是费尔南多,是有人诬陷他。真正的凶手是……"你知道真正的凶手是谁吗?

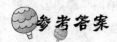**参考答案**

真正的凶手正是布鲁克斯。此案的关键是青铜像。布鲁克斯称,费尔南多扔掉的东西在岩石坡上撞了几下,在黑暗中撞出一串火花,并说这是费尔南多的作案凶器。这是谎言,青铜像在岩石上不会撞出火花,这是青铜的

物理性质所决定的。因此费尔南多不是凶手。

容不下罪恶的白雪

雪停后,一辆警车风驰电掣般驶来。

不远处的空地里,一名年轻女子在汽车里停止了呼吸。

"我发现女朋友时,赶紧找了块石头砸碎玻璃,打开车门熄火停止排气,但为时已晚,她已经没气了。"青年向警长杰克描述当时的情形。

"你在别处杀了她,然后把尸体弄上了车,又向警察局报案。"杰克用讥讽的语气说。

青年还想狡辩,杰克目光如炬地注视着他,说:"记住,白雪之下是容不得罪恶的!"

杰克是怎么知道的?

参考答案

既然车是打着火的,那引擎应该是热的,所以车前盖不可能有厚厚的积雪。

放火的骗局

在波士顿的哈兰大街,和其他地方一样,有着宽敞的柏油马路以及各种各样的商店和住房。这天夜里,布鲁斯先生被爱犬的狂吠声惊醒。他睁开眼睛一瞧,只见火苗正从屋子的每个角落里蹿出来,滚滚浓烟熏得人睁不开眼。布鲁斯吓得光着脚抱起狗夺门而逃。

过了一阵,大火终于被扑灭了,可在这场可怕的大火之中,有30多幢房屋被完全烧毁,更多的房屋受到严重破坏。警察调查后发现,大火是从布鲁

斯先生的邻居艾斯美太太家中开始的。因为现场已经被完全破坏,起火的原因无法查明。好不容易逃出来的艾斯美太太,听到丈夫和孩子没能从火海中生还的消息后,悲痛得不省人事。

警察找来了大夫,过一会儿才让艾斯美太太缓和过来,把讯问继续下去,艾斯美太太讲述了起火的原因。

艾斯美太太说:"昨晚我们很晚才回家。回来后,我丈夫和孩子都说很饿,我就去给他们煎牛排。正在牛排快煎好的时候,我忽然听到孩子大哭起来,便连忙放下牛排跑到客厅里。原来孩子的手掌被玻璃划破了。我丈夫这个时候也跑了过来,他把孩子带到浴室清洗包扎,而我则返回厨房。没想到,我出去的时候忘记关闭煤气灶,火焰点着油,已经在锅里烧了起来!""但如果只是在锅里烧的话,那很容易扑灭啊。"警察说道。"可那时我犯下了一个不可饶恕的错误!"艾斯美太太痛苦地说,"我当时完全慌了,随便提起一个桶就朝油锅浇了过去,可哪知道,桶里面也是油!整个厨房一下子就着火了,我甚至都来不及通知丈夫和孩子……"听到这里,警察停下记录看了看她,缓缓说道:"艾斯美太太,因为你有纵火嫌疑被逮捕了。"

 **参考答案**

水比油要重,因此如果油着火的时候用水去浇,反而起不到灭火的作用,她很有可能是纵火犯甚至杀人犯。

神秘的刺杀

某电脑公司总经理正在二楼休息室睡午觉,被潜入室内的凶手杀死,而且是被什么锐利的东西割破喉管死亡的。保安抓到了正在逃跑的凶手。警方对一点很是不解,怎么搜不到凶手行凶的凶器呢?而休息室里也找不到类似刀子的东西。有人说凶手是把凶器直接扔到了楼下面。但经过调查后,几个女职工证明没有东西从楼上掉下来,因为在那个时间那个房子的窗

户一直是在关着的。那么，凶手是怎么行凶的呢？

　　凶器是玻璃碎片把人弄死的，之后凶手擦干了玻璃片上的血迹，然后再把玻璃片放到了鱼缸里，这样人们就很难发现鱼缸里的玻璃片啦，凶手就是这样欺骗所有人的眼睛。

浴　缸

在一个几乎装满水的浴缸中浮动的一个小塑料盆里的小塑料盒里有一个金属铁球。如果将这个铁球从小塑料盆里取出来直接放进浴缸里的话，这个浴缸的水面将会改变吗？请深入思考一下。

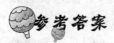

水位会下降。因为铁的密度远大于水，当铁球放在小塑料盆里时，所排走的水的重量等于铁球的重量，体积大约为铁球体积的 7.8 倍。而铁球在水里所能排走的水量仅等于铁球的体积，所以水位会下降。

散步的母女

妈妈每天早上都会和女儿晓彤一起散步，晓彤总是牵着妈妈的手，两个人并排走。妈妈走路迈的步子大一些，而晓彤迈步子的速度快一些，妈妈走两步时，晓彤可以走 3 步。这样两个人走路的速度就是一样的。

那么，如果两个人同时迈右脚开始走路，他们第一次同时迈左脚妈妈走了多少步？

无论走多久，她们都不可能同时迈左脚。她们走路的步调是不同的：

妈妈	右	左	右	左	右	左	……
晓彤	右	左右	左右	左右	左右	左右	……

可以看出,妈妈迈左脚的时候,正好是晓彤迈第二步的中间时刻,所以她们不可能同时迈出左脚。

会游泳的旱鸭子

有一天杰克收到朋友布朗斯来自国外的一封信,信的内容是这样的:"嗨,杰克! 今天是我来到以色列的第 5 天,我去了那里的一个湖痛快地游了一次泳。以前,你们一直嘲笑我是旱鸭子,可我这一次却在水里发挥自如,我发现游泳真的是一种享受。我一会儿自由泳,一会儿仰泳。当我伸展四肢浮在水面上仰望蓝天白云时,我觉得自己简直就像在人间仙境。我甚至还吸了一口气潜入水下。事后我才知道我的下潜深度已经达到海平面下 390 米,而我竟然没有使用任何潜水工具。说了这么多,你一定认为我在撒谎,但我说的是千真万确的……"看了上面的这封信,杰克一直觉得他的朋友是在吹牛。那么他是在吹牛吗?

杰克在信里说的是真的,因为他去的是死海。

帽子的颜色

10 个人面朝一个方向站成一列纵队,从 10 顶黄帽子和 9 顶蓝帽子中,取出 10 顶分别给每个人戴上。每个人都看不见自己戴的帽子的颜色,只能看见站在自己前面那些人的帽子颜色。站在最后的第十个人说:"虽然我看到你们每个人头上的帽子,但还不知道这顶帽子的颜色,在他的头上。你可知道你戴什么颜色的?"第九个人说:"我也不知道。"第八个人说:"我也不知道。"第七个、第六个……直到第二个人,依次都说不知道自己头上帽子的颜色。出乎意料的是，第一个人却说："我知道自己头上帽子的颜色了。"

你能回答第一个人头上戴的是什么颜色的帽子？他为什么就知道呢？

参考答案

第一个人戴的是黄色的帽子。对于第十个人来说，他能看到 9 项帽子，如果 9 顶帽子都是蓝帽子，他肯定知道自己戴的是黄帽子，而他不知道，说明前面 9 顶帽子至少有一顶帽子是黄帽子，即他至少看到一顶黄帽子。第九个人也知道第十个人的想法，如果他没看到黄帽子，肯定知道自己戴的是黄帽子，而他也不知道，说明前面 8 顶帽子至少有一项帽子是黄帽子，即他也至少看到一顶黄帽子。同理可知，第八个、第七个人的想法，直到第二个人，都至少看到一顶黄帽子。因此第一个人头上戴的是黄帽子。他是这么推理的。

一个迷惑大家的手段

星期六晚上 11 点左右，一份机密文件在 Z 城郊区保密室被窃了。案犯是开着汽车去的，在现场的院子里，十分清晰的轮胎印还在，公安人员用石膏将此轮胎印取下来。警方经过进一步的调查。发现这辆车的轮胎和现场的轮胎印完全吻合。于是便找到车主调查。"你们一定是弄错了。星期六晚上我一直都待在家里和朋友聊天，那天我根本没有开过车，车子一直放在收费停车场了。"车主有十分可靠的不在作案现场的证明。公安人员又找来停车场的管理员，管理员证实这辆车子整晚都停放在停车场。他还说："我整个晚上虽然没出屋，但我坐在窗子前仔细地看着每辆进出的车，他那辆车的样子我印象特别深，所以我敢保证那辆车绝对没出过停车场。"试推测一辆能够证明没有开出去的车子是怎么出来作案的？究竟怎么会在作案现场留下车轮印的呢？

参考答案

那个作案的车子也应该在那个收费停车场，他将自己汽车的轮子和那辆被公安人员怀疑的汽车的轮子调换之后，开到保密室院子里作案，故意留下别人车子的轮胎印，以此来迷惑公安人员。我们清楚，一个技术娴熟的司机要想换一下轮胎应该不会需要多长的时间。

谁是小偷

公司的财务室失窃了,当时有甲、乙、丙、丁4个工作人员在场。经过侦查,最后发现这4个人都有作案的嫌疑。然而经过进一步核实,发现是4人中的两人作的案。经过几轮的调查和审问,在盗窃案发生的那段时间,办案警察找到了如下线索:①乙和丁不会同时去办公室;②丁若没去办公室,则甲也没去;③甲、乙两个人中只有一个人去过办公室;④丙若去办公室,丁必一同去。

请你推断出是哪两个人作的案?

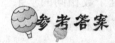**参考答案**

是甲和乙作的案。

比赛名次

跑道上有甲、乙、丙、丁、戊5个短跑运动员已经作好了准备。在看台上,小明和大王在预测他们的名次。小明说,名次排序应该是戊、丁、丙、甲、乙;而大王却不以为然,说道:"名次排序应该是甲、戊、乙、丙、丁。"

比赛很快结束,结果出来表明:小明既没有猜对任何一个运动员的正确名次,也没有猜对任何一对名次相邻运动员的顺序关系;而大王猜对了两个运动员的正确名次,又猜中两对名次相邻运动员的顺序关系。

请你回答这5个短跑运动员的名次排序。

5 个短跑运动员的名次是：乙、甲、戊、丙、丁。

苹果的数目

老王在市场上卖苹果，他把苹果按照品质的不同分成了三堆卖。而且一边卖一边来回调换。现在三堆苹果共有 48 个,他从第一堆里拿出与第二堆个数相同的苹果并入第二堆里;再从第二堆里拿出与第三堆个数相同的苹果并入第三堆里;最后,再从第三堆里拿出与这时第一堆个数相同的苹果并入第一堆里。经过这样的变动后,三堆苹果的个数恰好完全相同。

请问原来没调换之前各堆都有多少个?

第一堆有 22 个苹果,第二堆有 14 个苹果,第三堆有 12 个苹果。

老张家的兄弟姐妹

老张家是村里的大户人家,共有兄弟姐妹 7 人,7 个人关系如下:A 到 E 年龄递减;A 有 3 个妹妹;B 有 1 个哥哥;C 是女的,她有两个妹妹;D 有两个弟弟;E 有两个姐姐;F 也是女的,但她和 G 没有妹妹。

你知道这个这 7 个孩子的性别吗?

A、B、E、G 为男性,C、D、F 为女性。

星 期 五

　　早上,陈思吃完早点后,准备去上班,可就在换衣服时,看到墙上挂的日历牌,原来今天是星期日。陈思哑然失笑,觉得自己真是过糊涂了。接着陈思看着日历发现了一件有趣的事情。这个月居然有 5 个星期二。这时他又突然想起来这个月的最后一个星期五单位里安排了活动,于是他就在那天用笔标注了一下。

　　请你回答这个月最后一个星期五是几号吗?

25 号。

相当古怪的人

明智站在国际机场的入境处,眼睛睁得像铜铃那么大。

根据情报,进行国际贩毒活动的毛姆在夏威夷即将入境。

毛姆很会化装,他在夏威夷时,留着满脸大胡子,就算是认识他的人也不一定能够认得出来。明智拿着毛姆的照片准备逮捕他。

由于人多,还没有发现毛姆。

就在此刻,明智发现有 3 个人特别可疑。

其中一个下巴贴了一块创可贴,留着八字胡,戴着太阳镜;另一个穿着

逆向思维的神奇

夏威夷的花衬衫；最后一个没有留胡子，下巴白得有些不自然，可是目光十
分锐利。

明智歪着头，想了一会儿，然后微笑着接近其中一位。

"毛姆，恭候多时啦……"

试猜想，谁是毛姆呢？

 参考答案

那位目光锐利的先生就是毛姆，由于夏威夷的阳光非常强烈，毛姆被晒
得很黑，但他刮过胡子的下巴没晒过太阳，所以比较白。毛姆忽略了这一

点,被明智一眼就识破了。

标准时间

　　王丽家有两块钟表,但两个表现在走得都不准,一个快些,另一个慢些。快表每小时比标准时间快 1 分钟,慢表每小时比标准时间慢 3 分钟。如将两个钟表同时调到标准时间,结果在 24 小时内,快表显示 10 点整,慢表恰好显示 9 点整。

　　那么,你知道此时的标准时间是多少呢?

 参考答案

　　此时应该是 9 点 45 分。快表每小时比标准时间快 1 分钟,慢表每小时比标准时间慢 3 分钟,则快表比慢表每小时多走 4 分钟。在 24 小时内,快表显示 10 点,慢表显示 9 点,则快表比慢表一共多走了 1 个小时,由此可计算出其所耗的时间为 15 个小时。快表每小时比标准时间快 1 分钟,则 15 个小时就快了 15 分钟,当其指向 10 点,则标准时间就为 9 点 45 分。

袋鼠的习性

　　其实,袋鼠是一种脆弱的动物。它们生活在原野、灌木丛和森林地带,靠吃草为生。虽然它们过着群居的生活,但没有固定的集群,常因寻找水源和食物而汇集成一个较大的群体。

　　袋鼠也有敌人,老鹰、蟒蛇和人类都有可能捕捉它们,然而对袋鼠来说最大的危害莫过于干旱。在干旱严重时,幼小的袋鼠会死亡,母袋鼠会停止孕育。

　　请你找出正确答案:A. 有的袋鼠单独行动;B. 袋鼠常聚集在一起寻找水

逆向思维的神奇

和食物;C. 威胁袋鼠最严重的是人们的捕捉;D. 遇到干旱,袋鼠都会死亡。你能从中挑出正确的一项吗?

参考答案

答案是 B。题干中已经说了"它们过群居生活",所以排除 A;"对袋鼠来说最大的危害莫过于干旱",所以 C 也不对;只是幼小的袋鼠会死亡,而不是所有的袋鼠都会死,排除 D;所以只有 B 正确。

老朋友的聚会

一次圣诞聚会,5 个老朋友约好周末都要参加。但因为时间原因,他们都不是在同一时间到达约会地点的:第一个到达约会地点的不是 A;第二个到达约会地点的不是 D;B 紧跟在 A 的后面到达约会地点;C 既不是第一个也不是最后一个到达约会地点;E 在 D 之后第二个到达约会地点。

请你回答他们到达约会地点的顺序。

参考答案

先后顺序是:D、E、C、A、B。由"E 在 D 之后",可以知道 D、E 分别是第一、第二到达。由"B 紧跟在 A 后面"得知两个人的顺序:A、B。由"C 不是最后一个到达约会地点",可以得知这样的顺序:C、A、B。所以,最终先后顺序是:D、E、C、A、B。

车子的门

　　3 个好朋友杰克、杜兰特和詹姆斯正好也是邻居,他们每人都有 3 辆汽车。其中一辆车有 2 个车门,一辆车有 4 个车门,一辆车有 5 个车门。他们每人都有一辆别克、一辆福特、一辆本田。任何同一牌子汽车的车门数量是相同的。杰克的别克车车门数与杜兰特的福特车车门数相同。詹姆斯的别克车车门数与杰克的福特车车门数相同。已知杰克的本田车有 2 个车门,杜兰特的本田车有 4 个车门。你知道谁有一辆 5 个车门的本田吗?

 参考答案

　　詹姆斯有一辆 5 个车门的本田车。根据杰克的本田车有 2 个车门,杜兰特的本田车有 4 个车门,可推出詹姆斯的本田车是 5 个车门。

幸 运 儿

　　一家外企公司挑 6 位员工接受培训学习,全公司有 36 位,因为这 36 名员工每个人的业务成绩都很好,实在难以作出选择。最后经理决定让 36 个人站成一个圆圈,然后从第一人开始报数,从 1 数到 10,报 10 的人就是被选的人。其中有 6 个人被幸运地选上了。请你回答他们第一轮站的位置。

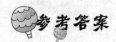 参考答案

　　这 6 个人站在 4、10、15、20、26、30 的位置上。

子弹在哪

在某疗养胜地的海滨浴场，一个人杀死了一名穿着游泳裤的男子。他

的腹部中了两颗子弹。大约在发现之前六七个小时就已死亡。

根据伤口看，两颗子弹都应该留在体内，然而，经过法医检验的时候法医说没发现子弹。

那么，那两颗子弹跑哪里去了呢？

 **参考答案**

两颗子弹在死者的体内溶解了,它是用坚硬的岩盐做成的弹头。这种子弹在人体内时间一长就会溶解掉。

摘 水 果

很多人去周末郊区采摘水果。自己动手摘的水果归自己所有。只摘树莓的人是只摘李子的人的 2 倍。摘了草莓、树莓和李子的人比只摘李子的人多 3 个。只摘草莓的人比摘了树莓和草莓但没摘李子的人多 4 个。已知有 50 个人没有摘草莓;11 人摘了李子和树莓但没摘草莓;共有 60 人摘了李子。如果摘水果总人数是 100 人,请问只摘到树莓的有多少人呢?

 **参考答案**

26 人。根据"只摘树莓的人是只摘李子的人的 2 倍"和"50 个人没有摘草莓,11 人摘了李子和树莓但没摘草莓"可推算出只摘李子的人有 13 人,所以只摘树莓的人有 26 人。

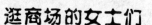 **逛商场的女士们**

周末,艾女士、白女士、陈女士和丁女士 4 个好朋友到商场里购物。她们分别买了一块表、一本书、一双鞋和一架照相机。这 4 样商品分别在一至四层购买,当然,上述 4 样商品的排列顺序不一定就是它们所在楼层的排列顺序。现在知道艾女士是在一层买的东西;表在商场的四层出售;陈女士在二层购物;白女士买了一本书;艾女士并没有买照相机。

逆向思维的神奇

现在你能根据上面的这些线索,确定谁在哪一层购买了哪样商品吗?

参考答案

艾女士在一层买了一双鞋,白女士在三层买了一本书,陈女士在二层买了一架照相机,丁女士在四层买了一块表。

小 商 店

小区里有条街,街两旁并排开了 A、B、C、D、E、F 六家店。已知:黄色外墙的 A 店的右边是书店;书店对面是花店;花店隔壁是面包店;D 店对面是 E 店;E 店隔壁是酒吧;E 店跟书店在街的同一边。

请回答 A 是什么店?

参考答案

A 店是酒吧。

小明的筹划

小明在给本身作下周的筹划摆设。他要去参观科技馆,去税务所办事;要带孩子去医院看内科专家;要去一家好久没去的饭店吃饭。饭店在周三停止营业;税务所周六休息;科技馆是周一、三、五开放;内科专家是周二、五、六坐诊。如果小明要在一天内完成所有的事,请问他星期几才能做?

周五。

是真是假

"我叔叔在给外墙刷油漆的时候摔死了,他是不小心从梯子上掉下来的。"

A 的侄子 B 对警察这样说。

"我猜测我叔叔一定是站在高处想将梯子移动到旁边,结果不小心摔下来的。"B 指着地上非常明显的梯脚的痕迹说。

逆向思维的神奇

"不！这肯定不是事实。"仔细察看过现场的警察说。

你能说出为什么吗？

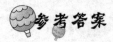

发现的尸体的位置在梯脚的痕迹与墙之间，根据常理，如果是从梯子上摔下来的，不应该在这个位置，而应在梯子外面。

电灯的开关

老张家刚装修好房子，却发现电工把甲、乙两个房间内的线路弄错了。甲屋有 3 个电灯开关，乙屋有 3 个灯泡。在甲屋看不到乙屋，而甲屋的每一个开关控制乙屋的其中一个灯泡。怎样可以只停留在甲屋、乙屋各一次，就知道哪个开关是控制哪个灯泡的呢？

参考答案

打开一个开关，等几分钟后再关掉，再打开另一个开关，马上走到乙屋里。亮着灯泡的开关就是第二次打开的开关；然后用手摸两个没有亮的灯泡，因为有一个灯泡事先已经打开了一会儿，所以那个灯泡会是热的，因此它就对应第一个开关。而剩下的一个开关就对应另一个没有亮的灯泡。

公交车上的推理

马腾到一个城市旅游，这一天他乘坐了一辆很有意思的公交车。这辆车只在起点站的时候上人，而在中途只能下人不能上人。马腾上车的时候，公交车上人非常多。在第一站停靠时，公交车上下了所有乘客的 1/6，第二站下了剩下乘客的1/5,随后的几站分别下了余下乘客的1/2、3/4和2/3,最后这辆公交车上到终点站还剩3个乘客。

请问这辆车一开始多少人,每一站下了多少人?

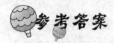

车上原有108个乘客。第一站下车的人数为18个,第二站下车的人数为18个,第三站下车的人数为36个,第四站下车的人数为27个,到终点站前最后一站下车的人数为6个。

点菜问题

一个服务员正在给餐厅里的51位客人上菜,蔬菜有胡萝卜、豌豆和花菜。要胡萝卜和豌豆的人比只要豌豆的人多2位,只要豌豆的人是只要花菜的人2倍。有25位客人不要花菜,18位客人不要胡萝卜,13位客人不要豌豆,6位客人要花菜和豌豆而不要胡萝卜,请回答下面问题:

1. 多少客人3种菜都要?
2. 多少客人只要花菜?
3. 多少客人只要其中两种菜?
4. 多少客人只要胡萝卜?
5. 多少客人只要豌豆?

3种菜都要的客人有14位;只要花菜的客人有4位;只要其中两种菜的客人要18位;只要胡萝卜的客人有7位;只要豌豆的客人有8位。

逆向思维的神奇

宿舍值日表

一个宿舍住着 7 个男生,他们每周每人值日一次。如果甲比丙晚一天值日;丁比戊晚两天值日;乙比庚早 3 天值日;己的值日在乙和丙值日的正中间,而且是星期四。请问他们的值班表?

星期一是戊值日;星期二是乙值日;星期三是丁值日;星期四是己值日;星期五是庚值日;星期六是丙值日;星期日是甲值日。

怎么击中帽子

有一个士兵,刚学会开枪。现在他用眼罩把眼睛蒙上,手中握一支枪。连长把他的帽子挂起来后,让这个兵向前走了 40 米,然后反身开枪,要求子弹必须击中那顶帽子。请问该怎么做?

可以把帽子挂在枪口上,这样就能轻松做到了。

强盗到底是谁

夜间镇上的农业银行遭到了抢劫。当时一个蒙面强盗闯进屋子,将值班人员绑在柱子上,并且堵住嘴巴,然后用钥匙打开金库,现金全部被他抢走。

金库前还留有强盗的脚印和半截蜡烛。因为转动金库号码盘时，光线很暗，所以强盗才点了一枝蜡烛。

逆向思维的神奇

几天后，两名重大嫌疑人被警察找来了，A警官并没有问他们什么问题，却请他们吃饭，但刚吃了没几口，他突然指着其中一个左撇子说："抢银行的强盗就是你！"

推断一下他为什么会这么说？

强盗把蜡烛放在右侧,来开金库门的锁,那他定是左撇子。

小姨的岁数

琳达问前来做客的小姨的年龄,小姨知道琳达的数学很好,于是她对琳达说:"我的年龄和你妈妈的年龄加起来是 44 岁,你妈妈的年龄是过去某一时刻我的年龄的两倍,在那一时刻,你妈妈的年龄又是将来某一时刻我的年龄的一半,到将来的那一时刻,我的年龄将是你妈妈过去当她的年龄是我的年龄的 3 倍。你能算出来我现在是多少岁吗?"琳达被搅糊涂了,请问你知道小姨现在多少岁吗?

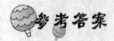

小姨现在的年龄是 16 岁半。

第五章 开启思维之门

谁是凶手

篮球运动员史密斯篮球技术非常好,因此受到很多人崇拜,所以引起了一些教练和篮球运动员的妒忌。

一个星期六的下午,有人在史密斯家中枪杀了史密斯,因为他的名字众所周知,这一新闻飞速在全国传开了。

警察局接到报案后,大卫探长马上带着助手赶到了事发地点,因为史密斯头部中了 3 枪,留了很多血,史密斯的脑袋被血迹包围得已经判断不出是他了。

大卫询问了邻居后得知,枪响时间是在下午的 5 点。一位路过的男人也印证了枪响的时间是下午的 5 点。

大卫马上对现场进行全面的勘查,寻找可能破案的证据,很快,他在一张桌子上发现了一封史密斯写的信笺,信笺上提到了有 3 个男人一直都想谋害史密斯。

"这是很重要的线索!"大卫兴高采烈地对助手说道:"我觉得这 3 个人都有嫌疑。"

之后大卫和助手对 A、B、C 这 3 个人进行了跟踪调查,一段时间后,就调查出了这三个人在周六下午的一些具体的情况。

A 和 C 是足球教练,B 是橄榄球教练。这 3 名教练的球队,星期六下午都参加了下午 3 点开始的球赛——A 教练的球队是在离死者住所 10 分钟路程的体育场上争夺"亨特杯"锦标赛;B 教练的队员是在离死者住所 60 分钟路程的运动场上进行友谊赛;而 C 教练的队员在离死者被杀地点 20 分钟的体育场上参加冠军决赛。

并且,有人能够证明这 3 位教练在比赛结束前,都在场上指挥比赛。

看到这样的调查结果,大卫的助手不禁非常沮丧地说道:"看起来是嫌疑人的这 3 个人,又都没有作案的可能啊!"

"不是这样的!",大卫大声说道:"我已经知道了凶手是谁了,凶手就是 C 教练!"

大卫为什么说 C 是凶手呢?

参考答案

一场橄榄球比赛不包括比赛的中间休息的话,需要 80 分钟,再加上橄榄球比赛到大卫家里得 60 分钟的车程,所以 B 教练在下午 5 点之前是无论如何都不可能到大卫家里的。足球比赛全场是 90 分钟,就算加上 15 分钟的中场休息时间,A 和 C 两位教练也完全有可能作案。但 A 教练参加的是锦标赛,当他们与客队踢成平局时,还得有延长 30 分钟决定胜负的时间,再加上 10 分钟的路程,即使不加上中间的休息时间,A 教练也不能在 5 点之前到达大卫家里。所以,只有 C 教练才有可能杀死大卫。因为,比赛时间 90 分钟,中间休息 15 分钟,路程 20 分钟,他可以在下午 5 点,即在枪声响之前一分钟到达大卫家。

此地无银三百两

一天,约翰探长来到弗兰克家,问:"你是弗兰克先生吗"

"是的。"弗兰克回答。

"我是约翰探长。"探长坐下后,沉重地说道:"我很抱歉地告诉你一个不幸的消息,有人谋杀了你妹夫。"

"啊!"弗兰克惊讶地说,"这一消息你确定是真的吗?我昨天晚上还见到爱德华呢?我无法接受这一事实!"

探长依旧很沉重地说道:"弗兰克先生,从验尸的结果和一些旁证材料分析,已经证实死者是你妹夫。你觉得谁最有嫌疑,或者提供一些线索帮助破案呢?"

"爱德华平时有许多仇家,这是大家都知道的。"弗兰克坦诚地说,"与他一起做生意的伙伴福特说爱德华盗用公款,还跟他大吵过一场。我二妹夫肯尼也跟爱德华发生过争执。惭愧得很,肯尼跟黑社会也有来往,不过我们已经好几个月没有他的消息了。另一个可能杀爱德华的人是我三妹夫比利,我知道他很憎恨爱德华。我可以把他的地址告诉你,但你要答应我,不能告诉他是我说的。"

"不用了,我已经知道凶手是谁了,根据你所说的,你就是杀害你妹夫的凶手!"

探长怎么判断出凶手就是弗兰克呢?

参考答案

从弗兰克的谈话看,他至少有3个妹夫,探长还没有说出被杀的妹夫的姓名,弗兰克却说出来了。

冒领者

一天夜晚,有一个蒙面大盗抢劫了珠宝店,并开枪杀死了两名正在值班的销售员。保安在一晃而过的车灯中看到了蒙面大盗的脖子上有一块疤痕。

将近30分钟,全城的各大交通要道,警车来来往往,并用喇叭公布悬赏令:"劫匪脖子上有疤痕,举报者奖励5万元!"

时隔不久,一个匿名电话打到警察局:"劫匪已往彩虹大厦方向逃走,请你们赶快去追击。"

一场枪战过后一名牛高马大的匪徒倒在了血泊中。很快地,劫匪被枪毙的消息传遍了整座城,很多贪心的人冒名领 5 万元的赏金。由于他们都自称是那个匿名报信者,警察局一时大了头。局长把甄别真正的报案人的工作交给了神通广大的神探杰克。

很快,警察局的接待室就来了一排领赏人,克里斯丁是最后一个申请者,他极自信地冲着探长笑笑:"虽然我的耳朵听力比较差,但等我复述完,再拿了证据,尊敬的先生就会相信……"

他说在地铁的喇叭里听说了缉拿通告后不久,就在后排座发现了一个企图用衣领掩盖自己脖子上的伤疤的男人。于是心中一惊,并开始留意他的一举一动。

那人侧着身体,对过道的一名那黄发女子说:"我等会下车,然后去彩虹大厦。"克里斯丁虽然耳朵听力不好,但他从口型上能判别出那人说些什么。那男人递给黄发女子一张字条。

黄发女子看完字条后,马上揉成一团扔在车上,那男的跟女的相继下车,克里斯丁将纸团拾起,上面写着:"明天,到这个地址找我。"

"看,就是这张字条。这 5 万元赏金,你们警方可不能赖啊。"说着,他拿出了一张字条。

杰克扫视了一下字条,哈哈大笑了起来:"这正是凶手被击毙的现场地址,可惜呀,它是从报纸上抄来的!"

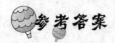

虽然能看别人的口型能知道谈话内容,但是他却不可能从声音知道广播的内容。

没瞎的狗

某国的总统贝尔是一位逻辑思维很好的人,在他还是20来岁的时候,就推断过很多案件。在他众多的案件中,有一件家喻户晓的著名逻辑推理案件叫断马案件。

一天晚上,邻居偷了贝尔家里的一条狗,第二天早晨,贝尔就和警官一起去邻居家里打算要回来。

但是,无论贝尔怎么说明情况,邻居就是一口咬定自己农场的狗都是自己辛辛苦苦养大的。

贝尔眼见邻居赖账,便走进了邻居家的农场,在里面转了一圈,很快就看到了自己家丢失的那条狗。

他便来到狗的面前,突然用双手捂住了狗的双眼,问他的邻居:"这条狗是你养大的吗?"

邻居很坚定地说:"肯定没有错,绝对是我的狗。"

贝尔看着邻居并问道:"嗯,那请你告诉我这只狗哪一只眼睛是瞎的?"

"是……是左眼。"邻居有点心虚地回答道。

贝尔放开了蒙住狗左眼的手,狗的左眼并不瞎。

"啊呀,我记错了,真不好意思,"邻居连忙改口说:"狗的右眼才是瞎的。"

贝尔狗上又放开蒙住狗右眼的手,原来狗的右眼也不瞎。

"我又说错了……原来狗……"邻居还想狡辩,贝尔说出一番话,这位邻居只得承认了是自己偷了他家的狗。

参考答案

贝尔说:"你不用再狡辩了,这条狗根本就不是你家的。当我问你这条狗哪一只眼睛是瞎的时候,我已经知道是你偷了我的狗了。你是在夜里偷

的狗,不可能知道这条狗是不是眼睛瞎。所以我一问你,你必然认为这条狗有一只眼睛是瞎的,所以也就回答是右眼睛,你认为这有 50% 的概率可以答对,可是你没有想到,这条狗它根本没有瞎,因此,你的概率是错的,所以这狗根本不是你的。"

哈伦的元旦

琳达是一家大公司人事主管哈伦的下属。一天早上,琳达跟平时一样准时走进位于 E 楼的哈伦的办公室。就在她推开门的时候,她看到哈伦被吊在房梁上,她快速去解开绳子,但已经来不及了。

琳达急忙地跑到秘书的桌子前,通知秘书玛丽小姐,告诉他哈伦出事了。

玛丽听完,立刻拿起电话:"杰克逊先生,我是玛丽,你能到 E 楼来一下吗?出事了!"她放下电话,自言自语地说道:"这可真是太可怕了,还有两天就到元旦了,怎么能出这事呢!"

一会儿,总经理杰克逊来到了哈伦的办公室,见自己的下属上吊自杀了,不禁十分悲伤,他马上让赶到现场的公司人员清理现场,同时,让秘书玛丽通知哈伦的家人,并马上报案。

一直忙到下午 5 点,玛丽提醒杰克逊:"杰克逊先生,楼上还有一个圣诞聚会呢,是你已经安排好了的!"

杰克逊恍然大悟说道:"对对对,我差点忘了 D 楼还有一个聚会呢。"

带着一身疲惫,杰克逊来到 D 楼,推开了他的私人会议室门,房间里此时已有一些员工等在那里了,房间的角落里有一颗圣诞树,树下放着花花绿绿的礼物。因为出了事,屋里的气氛有些沉闷。为了缓和一下气氛,杰克逊开始为大伙分发礼物。从秘书到副总经理,全公司每个人都收到了一份礼物。

聚会结束后,员工们一个个地走出了会议室,琳达是最后才走出会议室,她满脸疑惑地看看了空空的地板,突然间她明白了什么,并自言自语地说："哈伦肯定不是自杀！"

她马上下楼找到了警察，把自己的判断说了出来，警察根据她的判断，抓到了凶手。

琳达怎么知道哈伦不是自杀的？

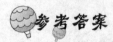 参考答案

琳达发现公司总经理杰克逊来到 E 楼哈伦的办公室，知道哈伦死了。可他来到 D 楼的会议室，分发礼物，却独独没有哈伦的礼物，如果他不知道哈伦出事，那么，全公司人人都有礼物，也必然应有哈伦的礼物。由此可以判定，杰克逊是凶手，他当然没有必要为哈伦准备礼物了。

怎样解决这个难题

第二次世界大战时，费尔夫少校和他的两名士兵在非洲遇到过这样一个难题。

他们十分着急渡过一条十几米宽的河面，然而河水十分平缓，河中有很多凶恶的鳄鱼，不能游过去，河上又没有桥。他们唯一的出路是利用岸边的一只小船，但是小船没有船浆，用手划水会被鳄鱼把手咬掉，附近除了河滩上有一堆堆的石头，根本找不到木棍之类的东西，也不敢用枪打断一根树枝，那样会把追兵吸引过来。

不过，费尔夫和他的士兵终于很快就用船渡过了这条小河。那么他们到底用的是什么办法呢？

 参考答案

把河岸上的石头装在船上，3 人用力往后丢。用力丢石头时，船会产生反作用力，这样会慢慢向前推进。

居民公寓的谋杀案

一天夜晚,本应该很安静的居民公寓却很是喧闹。

突然,一声枪响划破了夜空,使本来公寓混乱局面变得更加热闹。很多群众随着枪声来到了一间公寓,见到这楼的三层卧室里,大学生格里芬已倒在了血泊里。

一名学生去警察局报警,探长普尔带着助手飞速地赶往事发现场。

普尔经过调查,了解到这座公寓里共住着4个学生,除了死者格里芬,还有比尔、桑尼、格伦。普尔觉得这3个学生都有一定的嫌疑,便把他们分开单独询问。

普尔先询问比尔:"格里芬被枪杀的时候,你在哪里,在干什么?"

比尔说道："我的车坏了，我带着灯去车库修车了，就在这时，屋里传来了枪声，我就赶紧跑回屋里了。"

普尔又开始讯问桑尼："事发时你在干什么？"

桑尼一瘸一拐地来到普尔面前说道："我把车停在屋后的一个胡同里，往后门走的时候，被地上的电缆线绊倒了。我坐在地上揉着脚腕，大约2分钟后，我听到了枪声，就赶紧站起来。"

普尔开始讯问格伦："格里芬被枪杀时，你在干什么？"格伦说道："当时我在往厨房走，我想到厨房盛一杯冰激凌，这时，我听到后门那里有声音，就向外看了一眼，外面漆黑一片，我就又回到厨房取冰激凌了，几分钟后听到了枪响。"

为了证实他们说的话，普尔开始搜查房子，在厨房的冰箱旁，他找到一杯融化的冰激凌，在后院的地面上，他看到了电线插头已经被扯出了插座，电线连接的灯还悬挂在比尔的汽车已经打开的引擎盖上。

普尔回到屋里，指着比尔说："你在撒谎，凶手就是你！"

比尔争辩道："啊！你搞错了吧，我怎么就是凶手了？"

普尔在众人的面前道出了事件的经过，比尔当时就哑口无言了。

普尔是怎么判断出凶手是比尔的？

 参考答案

格伦听到后门的声音，证明桑尼的确在命案发生前回到了家，并且被电线绊倒了，这样，扯出插座的电线，就证明了桑尼说的是实话。可是，既然桑尼摔倒，扯出了电线，正在修车的比尔就应该突然陷于黑暗之中，可比尔没有向普尔说电灯突然熄灭的事，这说明他当时不在车库，而是悄悄上楼，杀害了格里芬。

总统的化妆派对

出于安全考虑,安全部门希望总统取消今年的派对。尽管受到暴乱者的很多次威胁,这化妆舞会已经办了 100 多年了,所以一年一度的化妆舞会还是照常举行了。

派对开始前,总统为了安全,做了大量工作。化妆成装着假腿的海盗的客人交出了他的剑,化装成土耳其苏丹的客人交出了他的大弯刀。除了允许一个化装成棒球队员的人带进了一根球棒,没有任何钝器被带进会场。大家认为不会有人使用钝器威胁自己的生命了。

但还是出了事。一个 60 岁的政客被棒击而死。警察搜索了事发现场,看到这位政客打扮成一个音乐家,躺在了椅子上,血不断地流出,流进了旁边的缝隙里。

"快!"探长对离他最近的一个人说:"关上大门,通知警卫。"

旁边的这个人正是装扮成海盗的州长,他大步跑着离开了主会场。

探长的助手说:"我们需要找到凶器。"

化装成棒球手的客人是总统的一个政敌,他说他的球棒在楼上。警察果然在楼上男浴室外的痰盂里找到了球棒。

"把凶器带走调查。"探长很大声地喊道,"一定要抓到这个凶手!"

"不一定要去化验,"命案发生后,总统第一次发了话,"我知道是谁杀了公爵!就是那位州长!"

总统为什么说州长是凶手呢?

参考答案

既然是装着假腿的州长,为什么还能大步跑着离开主会场,说明他的假腿有诈。参加舞会时,州长把真腿藏在他的裤子里,只露出一支假腿。事故发生后,州长能大步地跑,证明了他的假腿不在他的身上了。总统发现了这

一变化,所以认为州长用假腿打死了政客,然后把假腿扔进了事发地的缝隙里。

妙改对联气县官

有一家欺行霸市的大户人家,父子俩用钱各买了一个进士功名,婆媳俩也被封为诰命夫人。这一年除夕,县官按捺不住得意的心情,想要炫耀一番,于是在门上贴了一副对联:父进士,子进士,父子同进士;妻夫人,媳夫人,妻媳同夫人。被他们欺负的老百姓们看后,很气愤,但却不敢说什么。结果一夜过后,佣人开门再看对联时脸都变白了,慌忙将老爷请了出来。县官一看,差点被气死过去。原来,有人给对联添了几笔,那意思竟变成:父死了,子死了,父子同死了;妻没了男人,媳没了男人,妻媳都没了男人。

那么你知道这副对联是怎样改的吗?

 **参考答案**

那副对联被改为:父进土,子进土,父子同进土;妻失夫,媳失夫,妻媳同失夫。

丘吉尔的妙语

1950 年,英国各党派议员经常在议会大厅中进行演讲,表达各自的观点。台上的演讲者是保守党议员乔因森·希克斯,他讲得激情昂扬、唾沫横飞。正讲到起劲儿时,他突然注意到了在台下坐着的丘吉尔首相,所有人都在认真地听他的演讲,只有丘吉尔却不时地摇头,满脸的不以为然。

乔因森·希克斯很恼火,他觉得丘吉尔没有尊重他,他停了下来,对台下的丘吉尔生气地说:"我想提醒尊敬的先生们注意,我只是在发表自己的

见解。"而丘吉尔并没有正面地顶撞,只是不慌不忙地回了一句话。就这一句话,让台上的演讲者无言以对。

你知道丘吉尔是怎样反击这位演讲者的吗?

参考答案

丘吉尔回道:"我也想提醒尊敬的演讲者注意,我只是在摇自己的头。"

是 谁

我军一支小分队埋伏在杂草丛生的山林里。突然一颗炮弹打过来……

战斗结束后,几个新兵开始议论起来。

A 说:"我听到炮弹飞过来的声音,因此我是最早发现炮弹的。"

B 提出异议说:"不对! 最先发现的人是我,我亲眼看到炮弹落在岩石上爆炸。"

C 也不甘示弱地说:"应该是我最先发现的,我最先看到敌人大炮的炮口闪出的光。"

请问 A、B、C 三个新战士之中是谁最早发现炮弹的呢?

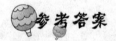参考答案

看到炮口冒烟的 C 最早,接着是 B,而最后一个发现的是 A。

因为光线的速度最快高达每秒 30 万千米,几乎是开炮同时就能看到;炮弹打到目标上需要一点儿时间;炮弹打过去的时候声音也会出现。

画中的玄机

清朝有位很出色的画师，每幅画都栩栩如生，而且他特别擅长画人物。这一年，慈禧太后为了改造皇宫，想画一个大屏风放在殿里，好为自己歌功颂德。有人推荐这位画师，于是太后传旨召他进京城来画这个屏风。

画师是一个很正直的人，他心里很恨慈禧太后，但是又不能违抗她的旨意，只好勉强地答应了。献画的那一天终于到了，慈禧太后带了文武百官来看画，只见屏风上画了一个白白胖胖的可爱的小孩，跪在午门前，手里托着一个新鲜的大寿桃，小孩后面却排列着各国军队，还飘着各国国旗，画得非常逼真。官员们看过后都奉承慈禧太后道："这画画得真好，寓意是仙童祝

寿,万国来朝啊!"慈禧太后看过之后开始还很得意,可不过一会儿,突然,她想到了什么,大声骂道:"画师好大的胆子,竟敢用谐音来骂我!"

请问,慈禧太后为什么说画师的画是在骂她呢?

各国军队列"阵",小孩托桃可看做是"脱逃"的意思,合起来就是谐讽慈禧太后当年在八国联军侵略中国时,她临阵脱逃,从北京跑到西安。

致命回击

有一次,在联合国大会上,英国工党的一位外交官因为在某一问题与前苏联外交部长莫洛托夫有了分歧,两人激烈地争辩了起来。

那位英国外交官被莫洛托夫说得词穷后,突然想到了莫洛托夫出身于贵族,于是在他的出身大做文章。他很嚣张地说道:"啊,差点忘了,先生你出身于贵族,而我祖辈都是矿工,请问我们俩谁更能代表工人阶级呢?"莫洛托夫不动声色地回击了他。并且莫洛托夫的回答让这位英国外交官彻底词穷。你知道莫洛托夫是怎么回答的吗?

莫洛托夫回击道:"你说得对,我出身贵族,而你出身工人。不过,我们两个都当了叛徒。"

机智的回答

纪晓岚是乾隆的左右手,虽说伴君如伴虎,但是纪晓岚却在乾隆面前做得游刃有余。

有一次，他陪乾隆皇帝观赏弥勒佛像。乾隆皇帝忽然问："这弥勒佛为什么看着我笑?"纪晓岚知道乾隆皇帝常常自比文殊菩萨，于是随口应答："佛见佛笑。"乾隆皇帝听了心里美滋滋的，但又想考一下纪晓岚的机智，便又问道："那弥勒佛为什么看你也笑呢?"面对这个极具刁难性的问题，善于随机应变的纪晓岚给予了巧妙的回答，不但没有冒犯皇上，还让他心满意足。

纪晓岚是怎么回答乾隆的?

纪晓岚回答道："佛笑我不能成佛。"

答案的妙处

有两兄弟，父母都去世了，兄弟两人为了争夺父母的遗产而闹翻了天。于是，他们找到了村里一个备受尊敬的长辈，请他给个公断。这位长辈出了3个问题，并宣布：如果谁能够把这3个问题回答好，那么分财产的决定权就归谁，兄弟两人都爽快地答应了。

长辈的3个问题是：在这个世界上，什么最肥? 什么最快? 什么最可亲?他让两兄弟明天把答案告诉自己。两兄弟回去后，都各自想好了自己的答案。第二天，见到那位长辈时，哥哥给出的答案是：最肥的是自家养的猪，最快的是自家跑的马，而最可亲的则是自己的老婆。接着，弟弟也给了长辈答案。长辈听完弟弟的答案后非常满意，最终弟弟如愿地分到了属于他的财产。

你知道弟弟是怎样回答长辈的那3个问题的吗?

参考答案

弟弟的回答是:世界最肥的是土地,因为它能生长出万物;最快的是人的态度,因为它的变化比什么都快;最可亲的是自己的国王,因为他善待自己的子民,就像父母对待儿女一样。

老李请客

从前有个老财主,他对待穷人又贪又狠。他以来年不再租地给佃户来威胁佃户,每到收获之后,老财主都去佃户家蹭吃喝。

这年,佃户老李也租了老财主的很多亩地,秋收后,他按照老财主的规矩请了老财主去他家吃饭,老李对财主说道:"谢谢您租给我地,明天到我家吃饭,家里也没什么可吃的,就杀了猪和一些鹅,还买了些牛肉,包了饺子,蒸了点馒头而已。"老财主听后心里美滋滋的。

第二天,老财主为了中午去老李家吃饭,连早饭都没有吃。中午他来到老李家时,果然闻到了熘鱼段儿和煮牛肉的香味儿。老财主有点等不及了,就连忙跟老李签好了来年租地的契约,然后专等好菜上桌。

终于上菜了,上来的第一盘是炒烂韭菜,第二盘是一只大蜘蛛,第三盘是一只蛾子,第四盘竟装了半只天牛。老财主看了,目瞪口呆,气冲冲地问道:"老李,你这是怎么回事啊? 这上的都是什么东西!"老李不动声色地笑道:"咱们不是有言在先吗? 这都是我说的那些菜啊!"于是老李把这些"菜"给老财主又解释了一遍,最终老财主连气带饿,无可奈何地走了。

你知道老李是怎么解释那些"菜"的吗?

参考答案

老李说:"没有好酒菜,所以上的是烂韭菜;家养的猪,就是蜘蛛;家养的

鹅就是蛾子;割点牛肉就是半只天牛。"

不打自招

因为受到一家意外保险公司委托,律师作为被告方代理人出庭为保险公司辩护。原告方是买了这家保险公司的一个年轻的女士,据她描述,她在一个暴风雨天出行时,由于风特大,导致树枝被刮掉,肩膀被砸下来的树枝砸伤,而且伤得很严重,于是她向保险公司提出了巨额的赔偿金。

保险公司的理赔人员凭着多年的从业经验,怀疑原告有诈保嫌疑,于是拒绝赔偿她,但那位女士并不甘心,双方因此闹到了法庭。

埃文仔细地研究了案情后,又从多方面收集了原告的资料,发现原告所说的伤势有假。

开庭了,埃文以关心的语气慰问了一下年轻的女士:"你的伤势现在是什么情况? 请你给在场的陪审员们看看,你的手臂能举多高。"那个女士慢慢将手臂举到齐肩高时脸上就露出痛苦不堪的表情,不能再高了,看样子伤得着实不轻。然而接下来埃文又问了一个问题让原告的伪证不攻自破。

那么你知道埃文是怎样问原告,让她的伪证不攻自破的吗?

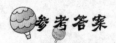 参考答案

埃文问她:"那么受伤以前,你能举多高呢?"原告就下意识地很快把手举过了头顶。说明她之前的举动是装出来的。

逆向思维的神奇

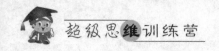
小孩的妙答

唐朝时,长安有个大才子叫唐逸,在他还是孩提时代,他就能够吟诗作对,长安城的百姓都称他为"神童"。一年的秋收时节,皇上微服私访,听说有"神童"唐逸的事。于是他要亲自召见唐逸,很想看看唐逸是否跟传言似的那么神奇。

唐逸听命参见皇上,皇上见他乳臭未干的模样,便先笑问:"小孩儿,你父亲以什么维持生计?"唐逸答道:"慈父肩挑日月。"知府大人又问:"那你母亲呢?"唐逸又答:"家母手转乾坤。"皇上一听,哈哈大乐,说道:"果然名不虚传!"立马给了唐逸500两银子。

你能猜出唐逸父母是干什么的吗?

参考答案

唐逸父亲是挑水的,唐逸母亲是磨豆腐的。

妙对酒令

在开封有一人叫李文林,他文笔特别好,特别有才华。树大招风啊,有6位不服李文林才华的书生想要捉弄他一下,便邀请了李文林一起去吃酒,点了6盘菜,有一人故意提议按年龄大小来行酒令,而李文林是这一桌人中最小的,只要酒令是与桌上的菜相关的典故,就可以独自吃这盘菜。

第一个人说:"姜太公钓鱼。"说完便把桌子上的一盘鱼端了过去。第二个人说:"时迁偷鸡。"于是将一盘鸡肉端走了。第三个人说:"朱元璋杀牛。"一盘牛肉就归了他。第四个人说:"苏武牧羊。"羊肉也被拿走了。第五个人说:"张飞卖肉。"他就顺手将一盘猪肉移到自己面前。第六个人忙说:"刘备种菜"，桌上最后一盘青菜就被端走了。五个人正要羞辱李文林，想动筷子吃呢，只听年龄最小的李文林喊道："等一等!"接着说出了一个酒令，然后技压全场，那6个书生不得不服地把菜给摆了出来。

请问李文林说了什么酒令?

参考答案

李文林说的是"秦始皇灭六国"。

小标点大作用

在古时候，有一个经常欺负老百姓的地主想要向别人炫耀一下自己的财富，于是他请了一个文人帮他写了一副对联，上联是"养猪大似象耗子已死完"，下联是"酿酒缸缸好做醋坛坛酸"。百姓看到了都很生气，但是都不敢说。

一书生路过地主门前，看到之后，他也很生气，于是在对联上加了一个标点。结果招来很多路人围观，围观的百姓觉得改得妙，于是都哈哈大笑起来。笑声惊动了地主，他出门一看对联，立刻气得昏了过去。

你知道秀才把标点点在何处吗?

参考答案

上联是：养猪大似象耗子，已死完；下联是：酿酒缸缸好做醋，坛坛酸。

哪里的水

一辆越野车在炙热的沙漠中急速行驶着。加里森敢死队几名队员和他

们俘虏的一名德国将军在车上。这名德国将军知道很多军事秘密，加里森他们急于越过沙漠，把他送回到自己的情报部门去。

正是由于天气特别热，车上一点儿饮水都没有，德国将军受了伤，再加上长途颠簸，他昏了过去，嘴里喃喃地说道："水……水……"

加里森说："我们如果再找不到水，他就可能活不多久了。"

几名队员舔舔干裂的嘴唇，异口同声地说道："水？哪里还有水呀！从昨天到现在就一滴水都没有了。"

加里森此刻也被难住了，他沉思了片刻，突然说："不，我们还有水！当然不能说很好喝,但总还算是水。"他停下车,给德国军官喂了一些水。

但是沙漠里确实一滴水也没有。

参考答案

越野车既然能在沙漠中奔驰,说明越野车的水箱里肯定有水。当然水箱里的水不会太好喝,有很多水垢,味道也差,但最重要的是它却能救活德国将军的命。

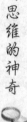

逆向思维的神奇